汇丰晋信基金管理有限公司　著

执笔：何寒熙　陈剑炜

本书根据全国首档财经泡面剧《她汇理财》改编

五分钟？你能做什么？泡着一碗方便面边等边幻想着白马王子从天而降挽救你的“泡面人生”？

别做梦了！有瞎想的时间不如学理财！无论你是刚刚毕业走向社会的萌妹子，还是已经在职场拼杀了几年的粉领OL，又或者是成了人妻人母成熟稳重的辣妈，你都必须翻一翻这本书里的小故事，美女中最会理财、会理财的人中最美的C女郎MsC会在故事里教你各种理财知识，不知不觉中，你就能用“五分钟泡面时间，改变泡面人生”！

序　言

2015年是汇丰晋信成立的第十个年头。在这十年里，公司一直秉承“让投资更简单”的企业理念，把投资者教育视为我们份内的责任。我们先后出了三本书，分别是《红楼理财》、《投基三十六计》和现在读者看到的《她汇理财》。如果说《红楼理财》、《投基三十六计》是“仿古”——两本书均以中国古典名著为蓝本，那么《她汇理财》就是“追新”，因为这一次我们几乎网罗了新时代的所有新载体，网络视频、网络电台、微博、微信，全方位输出我们在女性理财上的所有观点和投资建议，而此次的书籍《她汇理财》是以上所有载体在过去两年中所传播内容的精编合集。

让我详细解释下《她汇理财》的由来。2013年9月，顺应网络时代的需求，我们制作推出了国内首档周播财经泡面剧《她汇理财》，在知名视频网站爱奇艺独家播出。之所以叫“泡面剧”，是因为每一集故事都很短，只有5到6分钟，我们试图在观众泡一碗方便面的时间里，用一个生动有趣的故事讲解清楚一个投资理念、一类投资工具或者一种投资现象。我们的口号就是“用五分钟泡面时间，改变泡面人生”，希冀观众利用碎片化的时间，日积月累理财知识，人生由此而发生改变。

截至2015年6月末，爱奇艺上的《她汇理财》已经播放了89期，总点击量超过6000万，与此同时，同步推出的她汇理财MsC微博及微信公众账号累积了近十万的粉丝，2014年8月起登录“喜马拉雅”电台的同名广播剧也迅速赢得数万听众的喜爱。时尚而风趣、新鲜而实用，这是“粉丝”们对“她汇理财”的评语，也将是读者对手中这本书的印象。

“女性理财”其实是一个源远流长、历久弥新的话题。早在1908年，纽约市妇女游行就喊出了著名的“面包和玫瑰”口号，“面包”与“玫瑰”分别代表经济保障和生活品质，这是女性世界永恒的两个追求，两手都要抓，两手都要硬。而一百多年后的中国，女性掌握家庭财权早已是不争的事实，根据汇丰银行2011年未来退休生活全球调查显示，63%的受访中国女性称她们是家庭财务的决策者，这一比例高过全球其他地区。而从我们汇丰晋信基金公司的客户分析来看，同样是女性客户占比高过男性。与男性相比，女性明显具有“严谨、细致、稳健”等特点，这些特点决定了女性朋友在理财方面有与生俱来的优势。但我们也发现，很多女性朋友在投资理财时存在一些误区：决策过于感性、求稳不看收益、爱听小道消息等等。而我们的“她汇理财”，就是想帮助所有女性朋友走出这些误区，做经济独立的新时代“财女”。

这里，我要感谢何寒熙女士，作为“她汇理财”节目的制片和主创，投入了极大的热忱，本书也是她继《红楼理财》、《投“基”三十六计》之后第三次执笔本公司出版的书籍；也要感谢为“她汇理财”项目付出辛劳的每一个人，高振、陈剑炜、忻晓慧、龙庆宇、王丽君、诸慧菁、赵思遥、曹丽斐、丁宁、潘添君、郑梦雪、王东明、何喆等等，是他们的坚持，才成就了今天这本书。

最后我想说，公司从本书获得的每一分稿费，我们都将捐赠给指定的公益机构，助力改善西部贫困山区的农村教育。参与公益事业、传播理财知识，目的其实都是一个，就是以实际行动担负起我们的社会责任，不忘初心，十年践行，而且这条路我们还会一直走下去。

真诚地希望各位读者能从这本书里有所获益！

汇丰晋信基金管理有限公司总经理　王　栋

目　录

萌妹C篇

嗨~我是萌妹MsC！刚刚走出校门的你，在努力适应职场的同时，别忘了也要用理财知识来武装自己哦！张爱玲说过，出名要趁早，其实啊，学理财，更要趁早！

第一章

“色”眼看投资（上）

傍晚时分，正是下班的高峰期。一家路边的小餐馆里，MsC 坐在窗边的餐桌旁，心不在焉地翻着手上的书，时不时抬头看看窗外。“嗨，这个小君，约的是六点半，现在都快七点了还不出现！”

刚说完，就听到有人老远地嚷嚷着“来啦来啦”，伴随着一串“噌噌噌”急促的脚步声，一个穿红衣服的胖女孩像火一样扑了过来，一屁股坐到了 MsC 的对面。

“哎呀呀 MsC，你真是个书呆子！又在看什么书啊？”小君一把抢过 MsC 手里的书，翻到封面一看，“《人之初，性本色》……哈哈哈，我们的大美女也承认自己很‘色’啊！”

MsC 翻了个白眼，说：“胡说什么呀，这是乐嘉老师讲性格色彩的书！每个人都有自己的性格色彩，像你这样爱热闹、爱享受，还爱八卦的人，就是典型的红色性格……”

小君不耐烦地打断 MsC：“我才不关心我是什么颜色的性格呢！我现在就想知道我该怎么投资赚钱！你不知道，刚工作的人简直就是穷成狗啊，每次下楼梯，人家都按的是 B1，而我按的是 1，每次去超市，人家买进口食品，我直奔方便面……”

MsC 微微一笑：“你想投资赚钱？那还真的必须知道你的性格

色彩。”

“投资和性格色彩有关系吗?”

“当然有关系!投资大师巴菲特说过，决定投资是否成功的是性格，而不是智商。每一种性格色彩，都有适合自己的投资方式和投资品种，找到最适合自己的那一种，你才能投资成功啊!”

小君连忙问:“你刚才说我是红色性格，那我该怎样投资?”

“红色性格的人缺点是做事随意性强，变化比较快，比较情绪化和容易冲动，在投资上就表现为缺乏自控，善变，不能坚持，总是做出让自己后悔的决定，也不会从失败的投资中吸取教训。对于红色性格的人而言，在投资上我的建议是‘少一份冲动，多一份纪律’。在投资方式上，定期投资比较适合红色性格的人。比如基金定投，每月固定地从你的银行账户里划出一部分钱去买基金;又比如各大银行推出的黄金定投，每月以固定的资金购买黄金，这类定投的投资方式都能起到‘强制投资’的作用，也会让红色性格的人避免受到市场波动的干扰。投资品种上，由于红色性格的人风险承受能力随心情而定，时高时低，表面上风险承受能力很高，但真正发生亏损时又承受不了，所以还是建议投资在波动性相对比较低的一些投资品种上，比如基金、债券、黄金，股票还是少买一点吧，免得半夜睡不着觉啊。”

小君听得连连点头:“你说得太对了，我之前就是全买了股票，害得我心情忽上忽下的，连班都没法好好上了，还被老板骂了好几回!以后我就按你的建议做投资!”她兴奋地在位子上扭了好一会儿，才又好奇地问:“对了，MsC，那你是什么性格?”

MsC 喝了口水，说:“我嘛，应该是黄色性格。如果说红色性格一生追求的是‘快乐’，那么黄色性格的一生追求的则是‘成就’。

红色性格是理想主义，黄色性格就是实用主义。黄色性格的人都有希望掌控自己命运的强烈愿望，一旦设定目标就毫不动摇，而且黄色性格的血管里流着的是西班牙斗牛的血液，在与人斗、与天斗、与己斗的过程中体验他们人生的价值。一旦黄色性格的人想法遇到反对时，只会激发起他们加倍的努力和挑战的欲望。黄色性格的人，也是四种性格中最容易成为工作狂的人。”

小君摸了下胸口，怕怕地说：“还好我老板应该不是黄色性格，不然我就惨了！你们这种黄色性格的人，那又该怎么投资？”

“在四种性格色彩里，天性中赚钱欲望最强的就是黄色，乐嘉老师曾对二百多个企业家进行过调查，黄色性格的人就占了其中的 50%。所以，黄色性格在投资上也是更容易成功哦！”MsC 自豪地说。

“难怪你比我会投资，比我有钱！”小君有点嫉妒。

MsC 摆了摆手说：“那也不全是好的啊，黄色性格的人在投资上容易犯偏激的毛病，所以我也有一个投资建议，就是‘多一点灵活，少一点野心’。黄色性格的人在投资方式上比较适合目标导向型投资，就是先设定一个投资目标，比如养老、子女教育，然后根据这个目标、计算所需要的年化投资收益率，最后再选择相匹配的投资品种，构建合适的投资组合。在投资过程中，黄色性格的人要注意的是定期检查自己的投资组合，更换掉那些收益表现不达预期、或者基本条件发生变化的品种，而不要固守在原来的方案，不撞南墙不回头。另外，黄色性格的风险承受能力比较高，可以参与一些风险较高的投资品种，比如股票、期货、分级基金，但也不能太胆大，把鸡蛋全放在一个篮子里。”

小君听着 MsC 的话，呆呆地思考着，直到 MsC 拍了拍她，说：

“赶紧点菜吧，你不饿吗？”小君这才如梦初醒：“嗨！对啊，我怎么能把世界上头等重要的大事儿给忘了呢！”

一秒钟内，小君变回了 MsC 熟悉的那个“吃货”……

第二章

“色”眼看投资（下）

MsC和小君一边吃饭一边说笑着，突然，边上传来“哐当”一声巨响，两人吓了一跳，扭头一看，原来是上茶的服务员手滑了，茶杯直接掉落在餐桌上，茶水在桌上漫延开来。坐在位子上的男士一声不吭地拿起餐巾纸擦拭着自己被溅湿的衣袖，服务员一迭连声地说着“对不起对不起”，慌张地凑过去想帮他一下，那位男士却带着几分不耐地摆了摆手，说：“没事，我自己来。”服务员只能红着脸退了下去。

MsC若有所思地盯着那位男士看了一会儿，对小君说：“我猜那位先生一定是蓝色性格。”

小君不解地问：“我只看到他长得很帅！蓝色性格？你从哪里看出来的？”

MsC说：“那位先生刚才点菜的时候，是直接拿了一张纸，让服务员抄上面的菜名，可见他是先对这个餐厅做过很充分的调研才来的。做事之前首先计划、并且严格地按照计划去执行，这正是蓝色性格的人的特点啊。另外，你看刚才茶水泼翻了，他也没有责怪服务员，而是自己处理，蓝色性格的人就是这样子的，不喜欢给别人制造困扰麻烦，也讨厌别人制造困扰麻烦给自己……”

小君听 MsC 越说越起劲，忍不住打断她说："行了行了，就算他是蓝色性格的好了，那你倒帮他分析下，他该怎么理财？"

MsC 说："蓝色性格的人风险意识强、保守缜密，这样的人在工作上常常表现得一丝不苟，但在投资上却也没有什么冒险意识，往往缩手缩脚、顾前怕后，如果红色、黄色性格在投资上最信奉的格言是'舍不得孩子套不到狼'，那蓝色性格的人最爱的一句话就应该是'赚了钞票存银行'！所以对于这样的性格特质的人，我给予的投资意见是'少一份保守，多一份狼性'。而且啊，蓝色个性的人通常都对数据管理有特别的敏感度，喜欢钻研理论，所以在投资品种上，其实可以尝试一些专业难度比较高的投资，比如分级基金、ETF 什么的……"

"等等！什么叫 ETF？"

"假设我们把股票比喻成美女，林志玲标价 10 万，芙蓉标价 4 万，凤姐标价 1 万，（10 + 4 + 1）/3 = 5 万，这 5 万就是现在这些美女的平均身价，也是股市的指数。而 ETF 基金就是捆绑卖 3 个美女，1 个志玲 + 1 个芙蓉 + 1 个凤姐总价 15 万，当然，如果你是个不折不扣的屌丝，你也可以买 1 根志玲的头发 + 1 根芙蓉的头发 + 1 根凤姐的头发，总价 15 块。也就是说，买入 ETF 的分量可以少，但是不能单买，只买志玲不买芙蓉和凤姐是不行滴！一般来说 3 个美女的打包价 = 3 个人单价的相加，但是，市场上会出现瞬间价格不寻常波动的情况，这就形成了所谓的套利机会。比如有个脑残，短时间内狂买凤姐，导致其身价从 1 万涨到了 2 万，但是 3 个人打包的价格，也就是 ETF 还没有反应过来，还是 15 万，于是就产生了套利机会，有人就去捆绑买下 3 人，然后再单个单个卖出，卖了 16 万回来，靠卖凤姐净赚 1 万。"

小君听了直皱眉："听上去这么复杂的产品，还是留给蓝色性格的人去研究吧！对了 MsC，除了红、黄、蓝三种性格，还有什么性格的人呢？"

"还有一种人是绿色性格。这种人比较内向、随和，不爱出风头。生活中得过且过，遇到事情会期待问题自动解决，完全守望被动……"

"嗨，那不就是我老妈嘛！"小君挥了挥手，"可是我不觉得我老妈会有理财需求唉！"

"嗯……你老妈去银行存钱的时候有没有被理财经理推销，结果买了理财产品？"

"对哦，她经常抱怨说又被忽悠了！"小君回想起自己老妈描述的这样一副场景——

"哎呀，这位阿姨，你来存款啊？要不要看看我们银行现在代销的基金啦？"

"啊，我就想来存个款的呀……"

"那要不要看看我们银行现在在卖的金条啊？"

"我我我就是想来存个款的呀……"

"那么还是看看我们新的 14 天短期理财产品好了！"

"姑娘，求求你，我真的就是来存个款的呀……"

"阿姨，侬晓得伐？我们银行干活的很辛苦的，上班是朝九晚五的，工资是上面定死的，完不成指标是要倒扣的，而我们代销的基金，业绩是杠杠的，金条纯度是 99 的，而理财产品是绝对诚信的，阿姨侬买一点吧！"

"哦……好吧好吧，基金金条理财产品各来一斤！"

“阿姨，侬当买菜啊！”

“哈哈哈……”MsC被小君的描述逗乐了，“说实话，我老妈也是这样子的，每次去银行都被忽悠买了一堆乱七八糟的理财产品！”

MsC接着说：“所以啊，我对绿色性格的人的理财建议是‘多一份主见，少一份盲从’。在投资的品种上，以低风险、收益稳定的投资品种为主，比如银行理财产品、债券基金、货币基金或者基金公司的短期理财产品。在投资方式上，一定要找到一个靠谱的、专业的理财顾问，不要一到银行就被客户经理的销售攻势击垮了，至少可以问问给你服务的理财顾问哪里毕业、有啥证书……”

“对对对！客户经理长得帅的话还要问问他有没有结婚证！”

“你呀……”

第三章

用减肥的方法理财

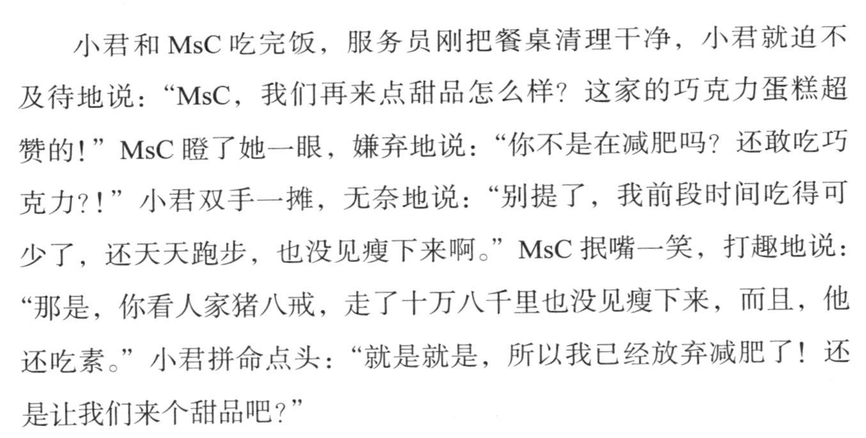

小君和MsC吃完饭，服务员刚把餐桌清理干净，小君就迫不及待地说：“MsC，我们再来点甜品怎么样？这家的巧克力蛋糕超赞的！”MsC瞪了她一眼，嫌弃地说：“你不是在减肥吗？还敢吃巧克力?！”小君双手一摊，无奈地说：“别提了，我前段时间吃得可少了，还天天跑步，也没见瘦下来啊。”MsC抿嘴一笑，打趣地说：“那是，你看人家猪八戒，走了十万八千里也没见瘦下来，而且，他还吃素。”小君拼命点头：“就是就是，所以我已经放弃减肥了！还是让我们来个甜品吧？”

MsC没好气地看着两眼放光的小君：“减肥是需要坚持的啊亲！”小君理直气壮地说：“我太忙了呀，作为刚加入职场的小兵，成天都被指挥来指挥去，哪有时间锻炼啊！”MsC随手拿起餐桌上放着的杂志，指着封面上的奥巴马说：“你再忙，能有美国总统忙吗？据说人家奥巴马每周坚持至少锻炼6天，每次锻炼大约45分钟，他每天早上的第一件事，就是冲进他的健身房开始锻炼。所以人家这样一位总统，也敢脱了上衣在公众面前秀一下身材，瞧人家奥大叔的胸肌！唉，小君，眼看着夏天就要到了，你再不‘割肉’，敢穿裙子吗？”

小君叹了口气，说："现在啊，我想的是另一种'割肉'。前面我不是说我买了一堆股票吗，现在好多都亏损了，你说我要不要'割肉'啊？"

MsC 跟着小君也叹了口气："减肥需要持之以恒，理财也是一样的啊，像你这样一下子理，一下子不理，这是最糟糕的理财方式了。平时不做功课，看到别人赚钱就心动，追高杀低，底子不稳，结果呢，当然容易亏损啦！"

小君不耐烦地说："你就知道数落我，都亏损了说这些有啥用？赶紧告诉我该不该'割肉'吧！"

MsC 转了转眼珠子，突然拿起茶壶说："来，我先给你加点茶。"小君只好端起杯子凑过去接，MsC 倒得很急，茶杯里的水很快就满得溢了出来，小君慌忙放下茶杯，边甩着被烫到的手边嗔怪说："你干嘛呀？烫死我了！"MsC 不紧不慢地说："很多人做投资呢，就跟这杯茶一样，涨了，爽了，就满仓；跌了，痛了，就割肉丢开。追涨杀跌就是这么来的。其实啊，对于逆向投资者来说，最痛的时候，才是最不该放手的时候。事实上，越是亏损，越要忘记你的买入成本，那其实已经变成了沉没成本，而是要看机会成本。"

小君听得直皱眉："这样成本那样成本，我都搞不清楚了！"

MsC 无奈地说："我先给你普及一下两种成本概念吧！"

"所谓沉没成本（Sunk Cost）：就是指由于过去的决策已经发生了的，而不能由现在或将来的任何决策改变的成本。

所谓机会成本（Opportunity Cost）：则是指做一个决策后所丧失的不做该决策而可能获得的最大收益。"

"举个例子，现在你有 100 元钱，既可以选择带女朋友出去吃晚饭，也可以选择带她去看电影。假如你选择带她去吃晚餐，也就放弃了看电影，那么电影能为你带来的美好精神享受便成为了晚餐的机会成本。这是你不得不考虑的，是决策相关的。但是你以前曾经去过这家餐厅吃饭，同样是花了 100 元钱，而且还吃得很不开心。那么你就会犹豫——是不是还要再去这家餐厅呢？在这里，上次吃饭所花费的 100 元钱，就是沉没成本。然而你必须清楚——不管你这次去不去这家餐厅吃饭，上次的 100 元，它已经耗费了，与决策无关。所以，两相对比，你会发现：虽然沉没成本看似与你的当前决策有一定联系，但它仅仅是过去决策的成本，如果过多考虑，会导致对当前决策的错误判断。而机会成本看似与你的决策毫无关系，但你所放弃方案的潜在收益是实际存在的，忽视它将导致严重的决策失误。简单来说，正确的态度是：决策时应当充分考虑机会成本，而不应考虑沉没成本。"

小君听得有点不耐烦，没好气地问："你说了那么多，跟投资有半毛钱关系吗？"

MsC 笑了："当然有关系啊。在投资上，你的买入成本就是一种沉没成本，对投资决策而言是毫无关系的。对投资决策有影响的成本是经济学上讲的机会成本。如果你判断市场状况或者你的投资标的发生改变不值得你持有，'割肉'就是一次正确的投资决策；而如果你分析认为你的投资标的的投资价值依然存在，那么你非但不需要割肉，反而应该趁着价格跌下来了'补仓'。比如，你买了一只基金，亏了 10%，那你是赎回呢还是不赎回呢？别急，先忘掉这亏损 10% 的沉没成本，而是去分析下现在的投资机会。这只基金是大盘蓝筹主题的基金，从基金的季报里发现基金重仓的都是大盘蓝筹股；而市场上的风格已经转变，现在是成长股的天下，成长主题的基金收益率都很不错，这种情况下你继续持有大盘蓝筹基金的机会成本过高，割肉赎回、转换成成长主题的基金才是正确的选择。”

小君点点头：“你的意思是说，每次买进卖出都应该是基于当时的各种机会比较后的决定，都是一次单独的投资决策。不要让我的买入成本影响到我的投资决策？”

MsC 一挑眉：“不容易啊，你终于明白了！”

小君嘿嘿一笑，“是啊，那你也别纠结说我吃过多少甜品了！我现在想吃甜品，那是我现在单独的一次决定 OK ？！”说完，她得意洋洋地招手叫起服务员来。

MsC 默默地擦了把汗……

第四章

淘金互联网

吃完饭走出餐馆，MsC 被小君拉着去逛街。说是逛街，其实是“看货”，每到一家店里，小君都会一股脑儿挑一大堆的衣服去试穿，每穿一件都在镜子面前自我陶醉很久，然后在服务员期盼的眼神中丢下衣服，轻飘飘地来一句：“我都不要”，转身拉上 MsC 就走，边走还边大声说：“这么贵，我回去以后立马上淘宝买件高仿的！”

MsC 无力地想着自己朋友的脑回路到底是什么奇怪的构造，做这么丢脸的事情居然还这么肆无忌惮……

“你说什么？！”

MsC 一回神，发现小君正板着脸看她。呃，原来自己不知不觉就这么说出来了啊。

“哦，我是说你小心成了‘购物狂’啊！‘购物狂’可是一种病，心理医生认为，女性容易得这种病的原因，主要是因为虚荣心理和压力过大，只得用购物的方式来填补内心的空虚或者缓解压力，结果在不知不觉中就买了一大堆自己并不需要的东西……”

“可是买东西真的能给我带来快乐啊，你知道我每天上班的最大动力是什么吗？就是去见一个人！”

“你们老板？”

“切！才不是呢，是送包裹的快递大叔！”

“唉，买东西所获得的心理满足感都是一刹那的，不能持久，更何况，你要成了购物狂，哪个男生敢追你？他的小心脏恐怕受不了吧？”

“那我就找个心脏强的做男朋友！”

“即便他的心脏受得了，他的钱包也受不了啊！”

“那我就找个富二代做男朋友……”

“咔～”

MsC 做了个“停”的手势，换了一副严肃的表情对小君说：“小君，别忘了是谁哭着喊着跟我说要做个精神独立经济也要独立的新时代女性的？”

“可是我就喜欢上淘宝怎么办？”小君扁着嘴委屈地说。

“上淘宝你也可以不购物，而是投资啊。”说到投资 MsC 的一双丹凤眼瞬间变得亮晶晶的，“现在基金公司也都在淘宝上开店了，你完全可以进去逛逛，多学点理财知识，搞明白了之后把钱买成低风险的基金产品，这样非但减少了花钱的机会，而且还能让你有赚钱的机会，是不是一举两得呢？”

小君很好奇：“原来现在网上还可以买基金啦？互联网真是无所不能啊！对了，MsC，我最近老听到有人说‘互联网金融’，说到底我们这些普通老百姓，到底能从互联网金融中得到什么好处啊？”

MsC 对小君终于止住了逛店的脚步暗自窃喜，连忙把小君拉到路边的长凳上坐下来说：“现在的互联网金融，总结起来能让我们老百姓得到的好处有很多很多，让我一个一个仔仔细细地跟你讲哦。”

“第一，就是可以在网上付钱。消费者在第三方支付机构开设一个虚拟账户，并用虚拟账户内的资金支付，这种支付方式方便快捷，只需输入一次密码就可以了，不像网银，还要带个 U 盾什么的。另外，第三方支付还很便宜，没有转账的手续费。”

“这个我懂，我就是通过财付通来付水电费，通过支付宝来付我在淘宝上买东西的钱嘛！还有什么好处？”

“互联网金融带来的第二个好处就是在网上买理财产品。我们先来说说余额宝。什么是余额宝？有个简单的公式告诉你，就是货币基金 + 支付宝 = 余额宝。以前你在支付宝里的钱是没有利息的，但是现在你可以把支付宝里的钱转到余额宝里，实际上是购买了货币基金，所以会有比活期利率高的收益，你需要支付时也可以直接从余额宝里转帐。是不是很方便呢？”

小君一听就激动了：“对啊，最近我是看到网上有各种叫什么什么‘宝’的互联网理财产品，都宣传无风险、收益率超过活期多少倍，感觉不错嘛！那我赶紧把银行里的钱都转到余额宝里去！”

MsC 一把拉住就要起身的小君：“哎哎，你别急啊，我还没说完呢！你说的这些‘宝’都是与货币市场基金进行了‘链接’，这些‘宝’的收益率呢，准确地来说，是指的货币基金的 7 日年化收益率。什么叫做货币基金 7 日年化收益率呢？这个收益率指的是货币基金过去 7 天的盈利水平，折合成年收益率是多少，比如在过去 7 天里某只货币基金每万份收益每天都是 1 块钱，那么 7 日年化收益率算出来就是 3.717%，表明它过去七天的收益率相当于 3.717% 的年收益率。要注意的是，通过 7 日年化收益率可以大致评估货币基金近期的盈利水平，但不是说这只基金的实际年收益就能达到这个数字。因为货币基金的每日收益情况都会随着基金经理的操作和货币市场利率的波动而不断变化，因此，7 日年化收益率是一个浮动的值，今天是 5% 明天可能就掉到 3%，有的网站上天天给出‘某某宝7日年化收益率是活期存款利率的多少倍’，这个倍数关系并不是一成不变的，有时高有时低，一年下来的收益率到底能够达到活期存款的多少倍，那可是说不定的哦！”

“再说了，其实各大银行也都有和余额宝类似的产品，收益率比活期高，卖掉的话可以实时到账。把支付宝里的钱转到余额宝我赞成，但把银行里的钱全都搬到余额宝，就真是太不理智啦！”

小君有点扫兴：“你好讨厌，老是泼冷水！不管怎么说，我先把支付宝里的钱转到余额宝里去！”

MsC拉住她：“我还没说完呢……”

“唉，等我先去转好钱再说！”小君说完扬长而去。

MsC只好留在原地自言自语：“其实我还想说，你在网上买理财产品，需要注意四点：第一，低风险≠无风险；第二，了解互联网理财产品挂钩的是什么投资品种；第三，适合短期、碎片式“懒人理财”，不适合长期理财规划；第四，注意互联网理财账户的安全性，比如不使用公共场所的网络进行操作，不轻易将自己的密码告诉他人，采用复杂的认证手段……这些才是最重要的好吗？！”

无人回应，只剩MsC一个人在风中凌乱……

第五章

你究竟有几个好“宝宝”

小君自从把支付宝里的钱都转到余额宝里去了以后，就有了一个新的习惯，就是每天一大早起来去手机上查看下余额宝的收益，看到“您昨日收益 2 元”，就兴高采烈地在上班路上买个鲜肉大包，美滋滋地边吃边去赶地铁，还边哼着自创的小调儿：“余额宝有高收益，今天的早餐在这里……”

不过渐渐地，小君的小调儿哼不出了。余额宝的收益越来越低了，她已经从每天吃鲜肉大包改成了菜包、然后又改成了高庄馒头了。

又是一个清晨。小君背着包没精打采地走过路边的早点摊。早点摊的老板是个爱笑的胖子，一见小君打招呼：“喂，美女，今天来个肉包还是菜包?”小君没好气地摆摆手：“都吃不起，不吃了！”胖子老板笑眯眯地说：“你那个余额宝不行了？没关系，我免费送你一束花！要开心哦！”一把翠绿的小葱伸到了小君的面前，几点葱花醒目地摇曳着……

“啊啊啊啊……不行！我要去蹭 MsC 的早餐！”小君把葱花一扔，从包里掏出手机拨通了 MsC 的号码。

十分钟后，小君一阵风似地冲进了一家快餐店，径直坐到了正悠闲地吃着早餐的MsC面前。她嫉妒地看着MsC面前堆得满满的餐盘："为啥你的早餐不受影响？！"MsC得意地说："因为我的投资收益天天涨啊！"看着小君沮丧的表情，MsC在心里哈哈大笑——其实是这家店送了她很多早餐券而已啦！

小君接二连三地抛出一堆问题："MsC啊，余额宝的收益率为什么能比活期存款高很多？它的收益率为什么又会下跌呢？还有啊，我听说现在又推出了很多宝，连电信公司都参与了！那这些宝宝是不是更值得买呢？"

MsC不慌不忙地喝了一口牛奶："别急嘛，这些问题，我一个一个来轻松搞定！"

"余额宝的收益率为什么能比活期存款高那么多？以余额宝为代表的各类互联网理财产品，其'真身'都是货币市场基金。货币基金是怎样做到收益高于活期存款的呢？主要有以下原因：

第一：'团购'银行协议存款。大资金的存款利率是可以议价的，货币基金集小钱为大钱，然后去跟银行讲价、谈利率，享受的利率是协议存款利率，不受法定利率限制，比我们散户存银行的活期存款利率高得多。

第二：货币基金可以买到普通投资者买不到的证券。比如银行间债券市场，个人投资者是不能参与的，其中很多好的品种，基金就可以参与，使得散户间接参与机构市场；

第三：货币基金拥有大资金的组合和配置优势。货币基金规模巨大，虽然每天都有人申购、赎回，但总有一部分沉淀资金，这部分资金就可以购买期限较长收益较高的债券一直持有到期。"

"余额宝的收益率又为什么会下跌呢？这叫成也'协议存款'，败也'协议存款'。现在啊，各类'宝宝'投资在银行协议存款上的

萌妹C

年龄：

花季少女误入世俗职场

交友标准：

不在乎你有没有钱

只在乎你会不会赚钱

理财格言：

出名要趁早，学理财更要趁早

郑梦雪 饰 萌妹MsC

她汇理财

王丽君 饰 小君　　龙庆宇 饰 小

比例都比较高，协议存款利率跌得惨，货币基金的收益率当然也只能跟着下跌。那么为什么协议存款利率会下跌呢？那是因为呀，现在银行不差钱，不需要通过提供高昂的协议存款利率来抢钱！不过呢，马上要到季度末了，每到季度末都是银行考核存款的时候，各家银行都会发了疯一样地抢钱，争着给出更高的协议存款利率。我们可以参考一个指标，就是上海银行间同业拆放利率，也就是传说中的'SHIBOR'。近7年，Shibor在一年中的峰值多出现在6、7月份。所以啊，凡是到了季末年中，各类'宝'的收益率都可能会提高哦！"

小君眼睛一亮："真的吗？那我的豪华早餐又要回来啦？"

MsC摇了摇头："别想得太美，宝宝的收益率是会回升，但想回到最辉煌的6%、7%可能性不大啦！"

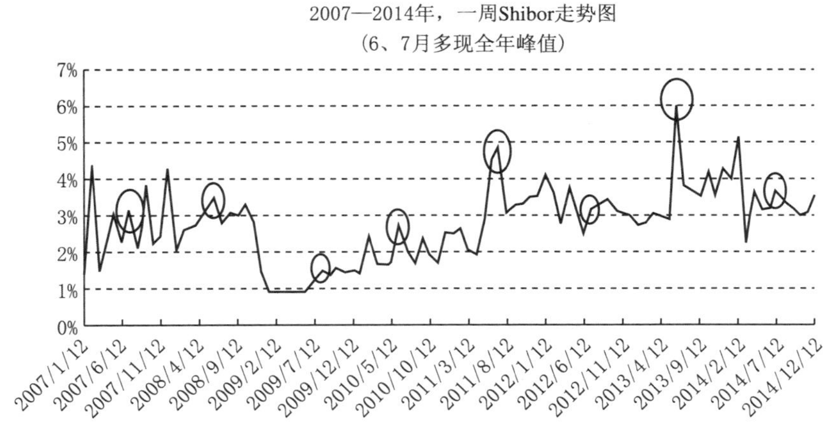

数据来源：www.shibor.org，截至2014年12月31日

"什么嘛，我还是吃不上我的鲜肉大包啦？"小君瞬间又变回了泄气的皮球。

"你怎么就知道吃吃吃啊……"MsC用手指按住额头。"你要知道货币基金的本质是现金管理工具，就应该是低风险、低收益、高流动性。事实上，在这个宝、那个宝冒泡之前，货币市场基金早就默默存在，2011 年、2012 年和 2013 年全部货币基金 A 类的平均收益分别为 3.48%、3.94% 和 3.87%。这才是货币基金收益率的正常水平！”

“嗯……好吧，即使宝宝们的收益率降到 4 以下，相比目前银行 0.35% 的活期存款利率，投资货币基金取得的收益也会比活期存款高得多，也还算是我管理闲钱的最佳理财工具。”小君虽然有点不甘心，但也只好接受 MsC 的说法。“不过，我的早餐怎么办？继续吃高庄馒头？！”

“不会啊，你可以吃……我剩下的。”

MsC 云淡风轻地把自己面前吃得七零八落的餐盘推了过去……

第六章

一杯咖啡喝掉 90 万

“呼……终于到周末了！”小君看着眼前的台历轻舒一口气，“终于又可以……到 MsC 那里蹭吃蹭喝了！”想到这里，小君不禁有几分羞惭，但转念一想：“没办法，刚迈入职场的小白领，那都是妥妥的月光族啊！”她的心情又雀跃起来。当然，小君似乎忘了，MsC 和她一样，只不过多了一份爱理财的心……

小君刚敲开 MsC 的家门，一股浓烈的香味就扑面而来。她一边用鼻子使劲儿地嗅着，一边问：“MsC，好香的咖啡味啊，是不是那个‘雀巢咖啡，味道好极了’？”

MsC 白了她一眼：“我这可是顶级的蓝山咖啡！你对咖啡也真的太不了解了。这可不行哦，要知道，现在我们时尚白领的生活，用一句话来形容，就是‘我不在 office 就在咖啡馆，不在咖啡馆就在去咖啡馆的路上’，你太 out 啦！”

“我去过咖啡馆啊，我还专门去了门口有绿色美人鱼标志的那家，央视都说它贵嘛，咱是白富美，不贵的，我还不买了呢，所以就去了。但是，我被他们歧视了！”

“真的吗？为什么呀？”

“我跟你讲啊，我第一次去，不知道点什么，我又是近视眼，那个小黑板上的菜单看也看不清楚，服务员问我要什么，我就说：‘看不清楚’，没想到哦，服务员居然就不问了，直接去做了咖啡端给我了。我问了旁边的人，人家告诉我，给我的那杯叫做：‘卡布奇诺’。”

“哈哈哈……” MsC 笑得趴在桌子上，形象都顾不上了。

“我第二次再去，想着不能再像上次那样了，就专门在网上研究过他们家的菜单，把他们那些咖啡的洋名字背得滚瓜烂熟，点单的时候，我就说，‘我要一杯，Espresso。’结果，服务员就给我端来了一小杯！我一口就喝完了，别人都是一大杯！呜呜呜，他们歧视我……”小君一脸的委屈。

MsC 觉得自己再笑下去脸都要歪了，连忙用力拍了拍自己的脸，止住笑说：“小君，喝咖啡也是要喝得 PROFESSIONAL 的，你去的是星巴克，那里最基本的一款就是 ESPRESSO，也就是浓缩咖啡。ESPRESSO 都是用那种很小很小的杯子盛的，不分大小杯。其他咖啡都是以这一款为基础制作的，包括拿铁啊、卡布奇诺什么的……”

“对了 MsC，听说喜欢喝什么咖啡是和性格有关系的哦。喜欢喝 ESPRESSO 的人，通常非常理智，甚至有点偏执，有工作狂的性格。喜欢拿铁的人，通常性格比较温和，不会急躁。喜欢卡布奇诺的人，性格通常比较乐观，阳光，喜欢交际和沟通。MsC，那我喜欢热巧克力，说明我是怎样的人呢？”

MsC 戳了戳小君的额头，“说明你还在孩童的阶段，还不够成熟，你还有很长的路要走。”

“不要啊，人家不要做小孩，人家要做白富美，那我以后每天一杯咖啡！”小君嘴一扁，扭麻糖似的缠了上来。

MsC 推开小君，认真地说：“如果你每天一杯咖啡，那你可就成不了白富美啦！别小看一杯咖啡，它可能会成为你永远‘富不起来’的理财魔咒。”

“有这么严重？”

“这个理财魔咒源于西方一个经典的理财故事，故事里的一对夫妻，每天早上必定要喝一杯拿铁咖啡，看似很小的花费，30 年计算下来他们居然在咖啡上花了 70 万！在西方的金融领域有一个专门的名词叫‘拿铁因子’，latte factor，就是用来指日常生活中我们花在买咖啡、糖果、瓶装水、香烟、杂志、报纸等等项目上的不太引人注意的零散花费。这些东西都花不了多少钱，但加起来，就是可怕的‘拿铁因子’，它足以掏空年轻男女的荷包。”

小君噘着嘴，一脸的怀疑：“不会这么夸张吧？我不过就是每天早上在上班路上买一份报纸，下午嘴馋了再买块蛋糕，然后我打算以后每天一杯咖啡，这样才有小资的调调嘛，再说花的都是小钱啊！”

“唉……别忘了时间的力量，它能让你花的小零钱变成大包袱。日积月累，加上通货膨胀的因素，30 年下来，你为了你的小资调调，总共要花……”MsC 拿起桌上的计算器“啪啪啪”地点了点，“92 万！”

项　目	单价 / 天（现值）	消费年数	30 年后（终值）
报　纸	3	30	￥52095.08
咖　啡	30	30	￥520950.80
蛋　糕	20	30	￥347300.53
合　计	53	30	￥920346.42

注：假设年均通胀率为 3%。

“啊？这么可怕！”小君惊呆了。

“还没完呢，让我来检查下你身上还有哪些‘拿铁因子’。”MsC拿起小君的皮包，拉开拉链，低头翻检着里面的东西。

“两张健身卡……小君，就你这身材，你真的去健身过了吗？”

“我当然有，只不过1年去了1次而已……”小君弱弱地回答。

“三个化妆包！四款眼影！还是一模一样颜色的？！”

“商场里搞活动，买三送一……”小君越说越心虚。

MsC无奈地把包还给小君：“好吧，你浑身上下，每一个毛孔里都充满了‘拿铁因子’！你还想做白富美？你还是做矮穷挫吧！”

“不要啊！那我就砍，砍掉这些拿铁因子！我砍，我砍，我砍砍砍！”小君伸手把包里的东西一样一样扔出来，脸上一副视死如归的表情。

扔到一半，小君颓然地停下来：“MsC，这样子砍下去，我宁可不活了！”

MsC安慰地拍了拍她：“别着急啊，‘拿铁生活’是我们都市白领放松身心的一种方式。我们有能力赚到钱，按照自己的意愿适当地满足自己的一些小欲望，这样能更好地让我们放松，并且更有活力地工作。一味地去削减‘拿铁因子’也是没必要的啦！”

小君不停地点头：“就是就是！”

“我们不能用一个统一的标准去认定‘拿铁因子’，从心理学上讲，每个人的兴趣点不同，只有你有兴趣的东西才会成为你的需要。就好像有人给你送了件礼物，很贵，但却不合你心意，那这件礼物就不是你的需要。这一类东西就是你的‘拿铁因子’，舍弃了它，也不妨碍你享受人生呀。”

小君眨了眨眼睛：“我的兴趣点，就是吃啊！”

MsC有点抓狂：“你是猪八戒吗……那社交、高档娱乐上的消费项目就是你的‘拿铁因子’，不要再突发奇想去报个什么茶道学习班啦！”

“那我能报个插花培训班吗？那个老师很帅的呢！”

“啊啊啊啊……”MsC 彻底疯了……

第七章

如何赚足信用卡便宜

又是一个周末，小君和 MsC 约了在咖啡馆碰头。刚坐下来，小君就迫不及待地问 MsC："快看我快看我，我今天漂不漂亮？" MsC 上下打量了她一下，"哎哟，用心打扮过的啊？今天有什么事吗？"

"当然是和帅哥出去约会啦！"小君得意地笑着，"不过我还没考虑好和哪位帅哥约会。"

"真……的……吗？" MsC 不太相信。

"当然！我在一个微信群里发了个邀请，就有很多帅哥来'应约'啦！"

"哦……呵呵，你微信的头像 P 得我都认不出是你，还取个微信名叫'女神'，那是会有帅哥上当啊！"

"什么叫上当?！我怎么不是女神啦？我是女神……经，简称女神嘛！"小君很是理直气壮。

"好吧好吧，你是女神！" MsC 无奈地摇摇头，"那你想好了和哪位帅哥约会了没？要我说啊，谁的颜值最高就找谁呗！"

"才不！应该是不同的帅哥有不同的功能，谁最适合找谁！"

"帅哥不都一个功能，就是——养眼吗？" MsC 一向对帅哥不是那么感冒。

“嗨，这你就不懂了，让我来教你吧！如果我是去看电影，那当然要挑——潮男。有品位，还能给你很多惊喜。如果我是去旅游，那我就要挑——暖男。一路上给我背背包捶捶腰，多贴心啊！当然啦，今天我是去购物，所以我要找的是——多金男！”

小君正沉浸在自己的幻想中呢，一个戴着墨镜、打扮很“土豪”的男生走了过来，对小君说：“你就是微信上的‘女神’？”

MsC 抬眼瞟了一下他的脸，悄悄地对小君小声说：“这货……也能叫帅哥？”

小君“哼”了一声，也小声回答：“帅不帅不重要，买单才重要！”说完站起身来，挽住那位“帅哥”的胳膊就走。不料，“帅哥”突然站住，一拍自己的脑门，大声说了句：“哎呀我想起来了，我有件礼物要送给你，我去拿，你等我一下！”

“帅哥”转身匆匆离去，小君又重新坐下来，得意洋洋地对 MsC 说：“嘿嘿，等我逛完街后立马再换一个帅哥去看电影！”

“切，换帅哥很了不起吗？”MsC 很不以为然，“我做不同的事情，也可以换不同的……卡！”说着，MsC 从包里掏出一把信用卡，拍到桌上，“我去看电影，用平安银行的信用卡，30 块钱一张票，便宜！去旅游，用建行龙卡全球支付信用卡，买机票送意外险、还可以免掉货币兑换手续费；购物呢，我用交行的信用卡，它的最红星期五超市活动超赞的，相当于周五超市购物九五折！当然，网上购物我会再换一张信用卡，就是中信的 QQ 会员联名卡，网上消费同样有积分，2000 块以上还是双倍积分，要知道，普通的信用卡网购可是没有积分的哦！要出去吃吃喝喝呢，我会再换一张卡，就是花旗蓝卡，参加他家的餐饮预订活动经常有好餐厅好价格，而且还有 3 倍积分。加油呢，我就用华夏银行的畅行华夏尊尚白金信用卡，每个月的加油类消费可以直接返还6%到信用卡，最多可以返还60块现金呢，怎么样，又省钱了吧？”

小君被惊到了，“MsC，你对信用卡真的很有研究嘛！”

“那是！女神有什么了不起，我可是——卡神！”这回轮到MsC得意了。

“不过啊MsC，我身边的帅哥太多了，我经常会搞错，你这么多卡，难道不会搞混吗？”

提到这个，MsC有点泄气，“那倒是的，卡太多了，我都不记得每张卡的还款日期，好几张卡都逾期了。”

“哈哈哈，作为一个穷忙族，我用过的卡比我见过的帅哥还要多，还是让我来教你吧！”小君傲娇地说，“其实作为普通人呢，只需要拥有三张信用卡就可以了，当你非常需要现金周转的时候，三张卡的取现额度加起来应该够你应付一阵子了。三张卡当中，一张呢是作为你最常用的卡，一卡在手，走遍天下，这种卡呢就需要功能齐全，服务周到，以我的用卡经验告诉你，股份制银行的信用卡必须优选，比如中信i白金卡、交行沃尔玛信用卡，都是我强推的哦！另外两张呢，要在某些方面很有特色，能够满足你的个性化需求……”

“让我来让我来，这个我有研究！”MsC有点不服气，抢着说，“如果你是网购剁手党，那就选中信网络类型信用卡，比如QQ会员联名信用卡；如果你是吃喝玩乐族，那就选选花旗蓝卡或者华夏尊尚白金信用卡；如果你是飞车加油族：那就选华夏畅行华夏尊尚白金信用卡；如果你是空中飞人族：那就选中信IHG优悦会联名信用卡、广发航空类联名信用卡、招行经典版白金卡……”

“女神……”去而复返的土豪“帅哥”再次打断了两人，“看到窗外停着的那辆车没有?”

小君和 MsC 同时转头看向窗外，哇！一辆粉色的玛莎拉蒂静静地停在路边。

“看到了看到了！这就是你送我的礼物吗?”小君兴奋地大叫。

“帅哥”把藏在身后的手伸到小君面前，“我给你买了一件同色系的礼物……”

一把粉色的牙刷静静地躺在他的手掌心。

第八章

和信用卡密码“后会无期”

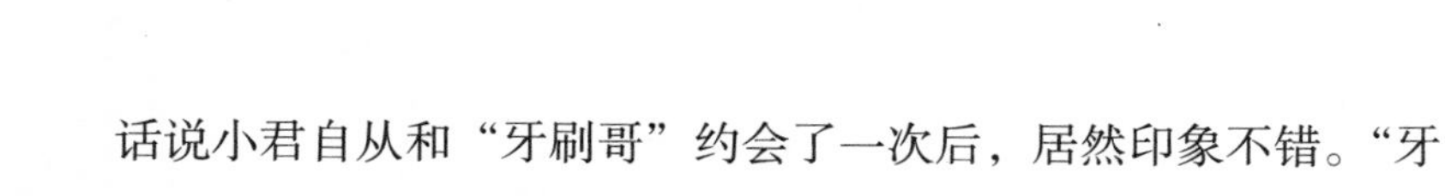

话说小君自从和“牙刷哥”约会了一次后，居然印象不错。“牙刷哥”，不对，人家的大名叫小波，除了个头小了一点、钱包小了一点、送礼物小气了一点，其他也没什么缺点了……吧。小君就这么自我安慰着，开始认真地和小波谈起恋爱来。

这一天，小君和小波约了在餐厅里吃饭，吃完饭再一起去看场电影。两人边吃边上网买电影票，看到某影院“买二送一”的活动，小君毫不犹豫地下了单。小波不解地问：“我们就两个人，你干嘛买三张票？”小君狡黠地一笑：“我一会儿打电话叫MsC出来。成天蹭她的饭，这免费的票，就当还情啦！”

小君给MsC打完电话，得意地对小波比了个胜利的手势：“搞定！我们在这里等她一下。”说完，她又从包里掏出小镜子照了照，对小波说：“嗯，我觉得我需要去补补妆。你等我一下。”

等小君起身离开，小波看着她的背影自言自语：“这么麻烦，补妆前是肥肥，补妆后是沈殿霞，有区别吗……”

“先生，麻烦先买下单。”服务员的声音在他身边响起，适时地打断了他的吐槽。

小波暗暗叫苦：说好了这顿饭小君买单，这服务员，早不来晚不来怎么趁小君不在的时候来？正发愁呢，他突然看到小君留在桌上的钱包，唉？有了！

小波拿过小君的钱包，从里面抽出一张信用卡递给服务员：“刷这张卡吧！”

服务员把POS机递了过来，小波自信地按了几个键，在心里念叨着：“以小君的智商，我觉得她的密码一定就是她的生日。”果然！密码通过了！

这时恰好小君回来了，她一个箭步抢回了自己的信用卡，生气地质问小波：“你干吗刷我的卡？”

“谁叫你设置那么简单的密码啊？”小波振振有词。

“生日……我才记得住啊！”小君有点心虚。

小波摇了摇头，脸上露出一副嫌弃的表情。小君不服气了：“那你自己的卡设的是什么密码啊？”

“我的嘛……虽然也是生日，不过是女朋友的生日！别人猜也猜不到！”小波很得意。

小君以为小波说的是自己呢，顿时就心情愉悦了：“真的吗？小波，你对我真好……”没想到小波尴尬地说：“但是我忘记了是哪一任女朋友的生日，所以密码被锁住了……”

“你说什么！？哼！”小君勃然大怒，用力甩掉小波的手，把头恨恨地扭到一边。

这时MsC走了进来，看到这副情景，知道两人又吵架了，只得无奈地说：“你们两个，还能不能愉快地玩耍啦？老是闹别扭！”

“MsC，小波老嫌弃我！”小君抢先告状。她一五一十地把刚才的事情说了一遍，又问：“对了MsC，你的信用卡是怎么设密码的？”

“我的信用卡啊，是不设密码的。”MsC 很淡定。

“不设密码？那不是很不安全吗？”小君吃了一惊，正要接着问，突然她的手机响了，拿起手机一看：“我有一条短信，让我先看看……什么？‘您的信用卡刚才消费了 2000 块预订酒店’。靠！我今天一直坐在这里就没动过，什么时候订过酒店，还 2000 块？难道是……”她怒气冲冲地转头问小波：“你难道背着我去酒店开房？”

这回小波急了：“什么乱七八糟的，你的信用卡一定是被人盗刷了！还不赶紧打电话到银行冻结账户？”

小君反应过来，“对对对，我要打电话给银行！”她立刻拨了电话，叽叽咕咕说了半天，然后 MsC 和小波就听到她的嗓门越来越大：“什么？我的信用卡设置了密码所以我得自己承担责任？你们银行不赔偿？ 2000 块要我先还？老天啊，我比窦娥还冤……”

MsC 同情地看着小君，“你是够惨的……还好这种事情，不会发生在我身上。”

“为什么？！”

“因为我的信用卡没有设密码啊。现在啊，很多银行对信用卡客户都会提供‘失卡保障’，就是说对持卡人挂失前一段时间内因被人盗刷信用卡造成的损失进行赔偿。不过呢，大多数银行的‘失卡保障’只针对没有设置交易密码、仅凭签名进行交易的信用卡客户。所以啊，小君你的信用卡被盗刷了只能躲一边儿哭，而我呢，就可以找银行要赔偿啦。”

这时 MsC 的手机铃声也响了一下。“我也有一条短信啊……什么，我刚刚消费了 20000 元！我的信用卡也被盗刷了！不着急，看我怎么轻松应对！”

“第一步：就近随意消费一笔保留好消费凭条，证明自己不在卡被盗刷的地方，之前不是自己刷的卡，是被盗刷了。”说着，MsC 把服务员叫来点了杯饮料并立刻刷了卡。

“第二步：打电话给银行冻结账户。喂喂，是招商银行吗……” MsC 拨通招行客服电话飞快地把情况说了一遍。

“第三步：当然就是报警啦！我打 110！”

MsC 正要接着打电话，小波不屑地说：“110 也救不了你！要我说，你也别想得太美。人家国外的信用卡之所以都不设密码，那是因为商家都会仔细核对签名，被盗刷了商家愿意承担赔偿的责任。到了我们这儿，有多少商家会认真核对签名啊？”

小君听了频频点头，“对对对，有一次我刷卡的时候随便签了一个名也一样顺利通过！”

小波瞟了她一眼：“你签了什么啊？”

小君嘿嘿一笑，“我签了我偶像的名字：红……太……狼！”

“算你狠……”小波抚了抚自己的胸口，转头对 MsC 说：“总之在国内这种环境下，即便你信用卡不设密码，但是被盗刷了以后，你得自己举证签名不是你签的，举证和调查的过程相当繁琐，而且啊，有可能打了半天官司你最后只能拿到一半的赔偿！”

MsC 眨了眨眼睛，“真的吗？”

小波点点头：“所以啊，如果你本身就是个丢三落四的人，建议信用卡还是要设密码，给门上挂把锁总比敞着门出去好吧？”

小君在一旁忍不住插话：“对对对，我就是这样！”

“另外啊，信用卡无论是否设置密码，都要加强保护意识。在用卡的时候自己的视线别离开用卡过程，设了密码的尽量防止密码泄露，没有设密码的，那就一定要开通短信提醒，并且啊，信用卡的透支额度也不要太高，万一被盗刷了损失也会比较小。”小波继续说。

MsC 勉强地点点头："嗯……明白了，我还是给我的信用卡申请个密码吧。用什么密码呢……"

"用我的生日吧！"小波和小君这一回终于站到同一个战壕里了。

"切……"

第九章

一分钟偷空你的手机钱包

傍晚时分的餐厅总是人满为患。MsC 望着对面空空的座位，又扭头看看排在门口虎视眈眈的长队，简直要哭出来了！她再一次拿起手机拨打小君的电话，老样子，应答的还是一句刻板的‘您所拨打的用户已停机’。

“这个小君，说好要请我吃饭，怎么到现在还没出现，电话也不接，到底去哪儿了?!”MsC 抱怨着。

“来啦来啦!”又过了一刻钟，小君终于气喘吁吁地跑了进来，她一屁股坐到 MsC 对面，带着哭腔嚷嚷着：“MsC！今天我亏大啦!”

“怎么啦？不就是请我吃一顿饭吗？哪儿亏大了？连电话都不敢接……”MsC 没好气地回答。

“别提电话了！刚刚在路上，我的手机不翼而飞啦！哼！服务员，菜单！我要化悲愤为食欲，多吃一点。”小君说着就抬起手来打算叫服务员。

MsC 一把按下小君的手，着急地问：“别光顾着吃啦，你的手机号申请冻结了吗?”

“申请冻结干什么？这个号码我还要用呢!”

“哎哟，申请号码冻结是为了保证自己手机钱包的安全。你平时不是经常用微信钱包、支付宝钱包吗？如果不冻结，你的这些钱包就岌岌可危了！”

“MsC 你可别吓我，我告诉你，我手机上的安全措施可多着呢，光开机的手势密码，别人就绝对不可能猜得到。咱们还是赶紧点单吧，我饿死了！”小君对 MsC 的警告不以为然。

小君不知道的是，就在此时，离餐厅一站路的一个花园里，一个长相平凡的男子正躲在阴暗的角落，摆弄着她的手机，嘴里还哼着不着调的小曲儿：“别问我是谁……我姓‘三’名‘只手’……”

“三只手”得意地抛了抛小君的手机，自言自语地说：“本人的职业是二手手机免费收购及转卖经纪人——也就是偷手机的。瞧，这是今天刚偷的。看这手机不错，不知道手机钱包里会有多少钱，让我来瞧瞧！”

说着，“三只手”按了下手机的启动键，屏幕上出现手势密码的图案。“呵呵，小样儿！看我怎么破解它。”只见他熟练地拆开手机，卸下 SIM 卡，又从裤兜里掏出另一部新手机，把 SIM 插入、开机，然后用这部手机拨打自己的电话。

“瞧，这个号码就是我的啦。让我先记下这个手机号。”“三只手”看着自己手机上显示的“来电号码”，得意洋洋地说。

接着，“三只手”迅速地找到了手机里的微信图标，点开来，“哼，密码？看我直接用手机找回密码！”很快，“三只手”就进入了小君的微信账号。

“瞧，搞定了。让我把她卡里的钱转出来。哦，还有个支付密码，让我猜猜，111111……”“三只手”边嘟囔边按键，“嘿！猜对了！女人啊，就是懒，连设个复杂点的密码都不会，瞧，钱到手

咯。”他仔细看了看手机屏幕上呈现的一串金额，脸上露出一副嫌弃的表情：“切，才这么点儿，让我好好‘谢谢’她！”他一边发着短信，一边笃悠悠地迈步离开。

这边厢，MsC 和小君正在研究菜单，桌上的手机铃声响了。MsC 低头一看，“咦，这是用你的手机号发给我的短信唉！”

“快看看说了些什么？”小君很好奇。

“‘这么点儿钱还带出来，屌丝别冒充百富美’，署名——‘三只手’。小君，看来你的手机钱包已经被掏空了。快刷刷看手机钱包关联的银行卡，看里面还有多少钱？”

这下小君着急了，“天哪，真的假的！服务员，买单，刷卡！”

服务员刷了小君递过去的银行卡，摇摇头说：“小姐，抱歉，您这张卡余额不足。”

“我的钱……呜呜呜呜……”小君趴在桌上哭起来。

MsC 摸了摸小君的头，安慰地说：“小君，别伤心了，赶快打电话去运营商申请号码冻结吧。”

小君猛地抬起头来，“MsC，这回我一定听你的！你快告诉我，我该怎么做才能保护手机钱包的安全呢？”

“如果手机掉了，首先一定要第一时间冻结手机号，这样就能防止别人利用密码找回等功能，登录你的手机钱包。其次，手机钱包的支付密码千万不能设成 6 个 1，或者 123456 这样简单的密码形式，一定要设置一些别人猜不到的数字排列。第三，如果你不是经常使用手机钱包，我们建议你不要让银行卡和手机钱包一直绑定着。什么时候用，提前做个关联，用完之后记得‘果！取！关！’这样就算密码被猜到，或者被黑客破解，没有绑定银行卡，也不会损失任何钱款。”

小君从来没有像今天这样这么认真地听 MsC 说话，就差拿个小本子记下来了。

MsC 心软了："哎，看你今天损失这么大，这顿饭还是我请你吧。服务员，买单！"

小君顿时破涕为笑："MsC，你真是太好了！其实……我的卡里也没多少钱……"

"……"

两人起身离开餐厅。在门口的时候，一个低着头戴着墨镜的男子步履匆匆地迎面而来，和 MsC 撞了一下。

"Sorry 啊，美女。"墨镜男轻佻地抚了抚 MsC 的肩，扬长而去。

MsC 又走了几步路，突然觉得有点不对，赶紧摸了摸自己的手提包，"哎，我的手机哪儿去了？"

小君一拍脑袋："我想起来了！刚刚撞你那个人，肯定是小偷！怪不得我看他怎么这么眼熟，早上我的手机肯定也是他偷的！MsC，现在怎么办？我们俩都没有手机，怎么申请号码冻结呀？"

MsC 很冷静："小君别怕，我还有终极秘密武器！"

"哦？！是什么？快告诉我！"

MsC 微微一笑："我除了设置钱包支付密码以外，还给自己的所有银行账户和电子钱包，买了一份平安保险的'个人账户资金损失保险'。就算账户被盗，只要及时报案和挂失，挂失前 72 小时内的资金损失，保险公司都会全额赔偿，完全不用担心。走，陪我报警去！"

"哈，有准备就是不一样，丢了手机还能那么轻松！"

两人说笑着离开……

第十章

结婚好还是单身好

“唉！清明时节雨纷纷，大龄剩女欲断魂……”小君对着窗外淅淅沥沥的雨，很幽怨地来了句诗。

“怎么了？”MsC 瞟了她一眼，奇怪地问。

“唉，每逢佳节被逼婚，鸭梨山大啊……”小君继续矫情。

“哦……不就是被逼婚吗，我来教你几招反逼婚大法怎样？”MsC 来了兴致，“对付逼婚，我可是总结了无数绝招……”

MsC 不禁回忆起过年回老家时的经历。才回家没多久，七大姑八大姨都来串门了，每次都要问她有没有男朋友的问题。她被逼急了，有一次当舅妈又问到这个问题时，她故作娇羞地回答：“哎哟，这年头谁还没几个备胎和暗恋对象啊？”舅妈这下来劲了，继续追问：“真的呀，那你男朋友是干什么工作啊？”MsC 没回答，只是起身拿起桌上的手机，“喂，亲爱的，干吗这个时候打电话啊……你等一下！”说着就溜回自己的房间去了……

“切，不是每一次都能借助手机脚底抹油直接开溜的好吗？尤其是亲戚聚会的时候，我又躲不掉的嘛，你这招不管用！”小君听了 MsC 的故事，噘着嘴不满地说。

“那可就要先发制人啦！一定要在七大姑八大姨没开口前转移话

题，所以这第二招呢，是进攻型的，叫做移花接木——”

MsC 又回忆起她过年亲戚聚会时的场景。

“小 C 啊，有……”大姨妈一见面就迫不及待地问。

MsC 赶紧打断她，“对了大姨妈，听说大表哥换新工作了啊？一个月能赚多少钱啊？”

“你大表哥不成器啊，赚得不多，不多。”大姨妈有点尴尬。

MsC 立刻连珠炮似地开始讲她的理财经：“他得会理财！他是不是还把闲钱放在银行里？现在把钱还存银行真是太 out 了！存活期利息相当于没有，存定期你用钱的时候还取不出来，还不如买点儿流动性好的理财产品，收益高又不耽误用钱……”

“那个时候，对方的心思早就被吸引过去了，哪里还顾得上问我到底有没有男朋友的问题呢！”MsC 说完了自己的“反逼婚绝招”，得意洋洋地总结。

小君崇拜地望着 MsC：“我真是服了你了，逼婚你也能扯到理财啊！？”

MsC 有点不好意思：“这是我的独门秘笈嘛！你懂的！”

小君懒洋洋地打了个哈欠，“不过你说的招数都太复杂，我只说了一句话，顿时世界就清净了……”

“你说了什么？”

“我对象还没离婚。”

“……”

小君看着 MsC 一脸无语的表情，笑得趴在了桌子上。好半天才止住笑，抬起头来换了张严肃脸：“说实话，MsC 你觉得结婚好还是单身好？”

MsC 瞅了瞅她，没好气地问：“你是认真的吗？”看小君拼命地点头，MsC 思考了一下才回答："这个问题嘛，我们可以从经济学的角度来看……"

"噗……"小君吐了吐舌头："MsC 你是不是走火入魔了呀？这也能扯上高大上的经济学？！"

"当然！婚姻经济学也是一门学科呢！"MsC 很认真地说，"在经济学家眼中，人都是理性的，行为和判断都是经过了理性思考的。在这个前提之下，结婚可以被看成是一种收益最大化的理性选择。1992 年诺贝尔经济学奖得主、美国经济学家贝克尔就认为，只有在两个人结婚的共同收益大于单身时分别的收益之和的情况下，才应该选择结婚，否则就应该选择单身。"

"那……结婚的收益有哪些呢？"

"贝克尔认为主要有这么几条：第一，规模效应。即 $1+1>2$，具有不同专业优势的、在能力与收入方面存在差别的一男一女，通过婚姻的形式使得他们的优势互补、双方的收益达到最大，从而获取规模经济效益。第二，降低生活成本。最明显的例子是，一个人和两个人的生活开销并没有太大的差别，比如住房和家具，一个人生活用一套，两个人生活还是用一套。第三，保险机制。男女双方一旦结婚，就等于互为对方投了保险，都有责任和义务为家庭里所发生的一切事情尽力而为，这叫'患难与共，风雨同舟'。第四，可以分享家庭商品的增值。婚姻作为耐用消费品，具有逐渐积累增值的特点，结婚越久婚姻的某些独特效用就会越显现出来，比如情感的寄托、知识和智慧的交融、孩子带来的乐趣等等。"

"原来结婚有这么多收益啊！我决定了，我—要—结—婚！"小君一拍桌子，大声地说。

"那还不简单，你找小波去啊！"MsC 知道小君最近和小波谈恋爱还比较顺利。

“可是，小波说了，结婚的成本太高，他要单身！”小君垂头丧气地说，“他说啦，结婚以后他就得贡献出他一半的收入，即使离婚也要按这个标准来分割共同财产，这可是婚姻的直接成本。还有间接成本！比如他结婚后必须陪老婆逛街，这时间也是金钱；跟老婆吵架，说不定还要发生武斗，不管是打坏了老婆，还是被老婆打坏，他都要付出修理成本；如果他被抓伤了脸，还要编谎话请假，产生误工成本；如果老婆一气之下回了娘家，他可能要磨破几双皮鞋，经济学里这叫‘皮鞋成本’。哼，说一千道一万，我觉得他最在乎的是结婚的机会成本！不愿意为一棵树放弃一片森林而已！”

MsC 见小君一肚子怨气，忙安慰她：“小波说的也没错呀，结婚也是有成本的，而我们每个人都在做 trade-off，就是权衡各种收益和成本之后，做出自己的理性选择。再说了，你和小波才谈恋爱没多久啊，也都是刚工作没多长时间，还不如各自打拼、积攒一点财富要紧。你还是多跟我学理财吧！”

“我明白了！”小君瞬间满血复活。

“你明白什么了？”MsC 满心期待。

“他不和我结婚，我就和别人结婚！”

“……”

粉领C篇

嗨~我是粉领MsC！在职场里打拼了几年的你，已经对自己的工作得心应手，同时也有了一点小积蓄。怎样让积蓄“以钱生钱”不断累积，而自己可以腾出精力来追求事业上更大的进步，让我来告诉你！

第一章

买 LV 也能赚钱

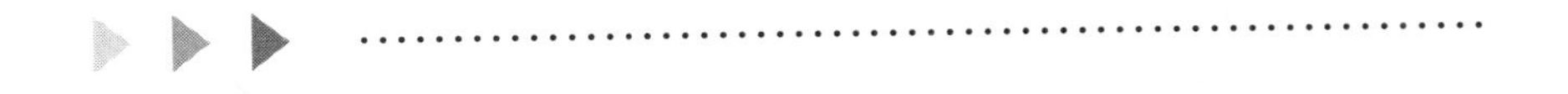

这一天，是小君的生日。早早地小君就起床收拾打扮，一会儿她的闺蜜 MsC 要来给她庆祝生日，男朋友小波也说了会给她一个大大的惊喜。小君越想越美，一边收拾着房间一边哼起歌来。

“叮叮……”门铃响了。

小君一开门，就看到一束美丽的百合，MsC 从花后面探出头来，微笑着说：“祝你二十六岁生日快乐！”

“咳咳……我哪有二十六岁，我刚满十六岁好吗？”小君噘着嘴接过百合，把 MsC 迎进门，“唉，我才不想要这种花呢，我想要两种花。”

“哦？什么花？”MsC 忙问。

“我想要……‘有钱花’和‘随便花’！”小君大笑。

“你今天真美……你想得真美！”MsC 给了小君一个大大的白眼。

正在这时，门铃又响了。“耶！是不是小波送我的生日礼物到了？快去看看！”小君欢呼雀跃着去开了门，门口赫然放着一个超大的纸箱。

“这么大的箱子，难道是空气净化器吗？”MsC 猜测着。

“不要！一定要是LV包包啊！”小君两手在胸口比了个祈求的手势，立刻扑了上去动手拆箱。

“Happy Birthday！小君小姐！”小波从拆了一半的箱子里跳了出来，给了小君一个大大的拥抱。

“礼物呢，我的礼物呢？”小君没反应过来。

“礼物就是我啊！”小波把脸凑了过来，“我把我自己给你送来了，你喜欢吗？”

小君一脸欲哭无泪的表情，“呵呵，我喜欢得都要……哭出来了！”

MsC在一旁憋笑憋到内伤，实在忍不住了，走上前来说：“小波，不是我说你，《情深深雨蒙蒙》这么久远的桥段你也学！看来你完全不知道小君最喜欢的东西是什么呀！”

MsC把自己的包拿了过来，指着上面的logo问：“这个标志认识吗？”

“我学过拼音啊我当然认识，不就读‘驴’吗？难道小君喜欢毛驴吗？”小波一脸茫然。

“你还真是够老土啊。这是LV，LV懂吗，世界顶级奢侈品品牌啊！”MsC无语了。

小波一把拉住被打击得一直处于游离状态的小君，“我觉得啊，你想要驴牌包包没什么不对，可是，你冷静想想看，以我们现在的收入情况，现在买这么一个包，它理性吗，它负责吗，它是个现在我们应该有的选择嘛！”

这下小君回过神来了，“哼！这你就不懂了吧？现在奢侈品年年涨价，我买奢侈品，那也是一种投资，回报率比你炒股票好多了！”

小君把小波拽到书桌前，点了点桌上的一张纸，“你来看！我

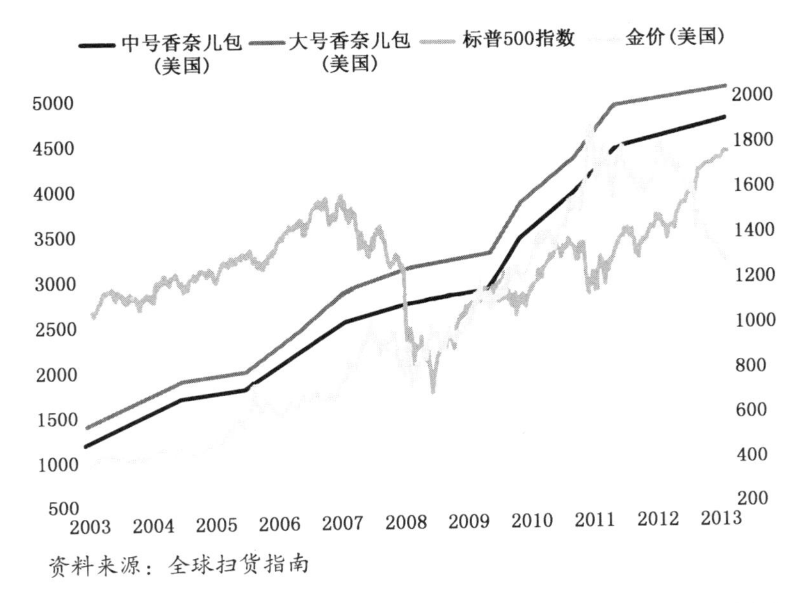

资料来源：全球扫货指南

挑了几款经典款的Chanel中号手袋和大号手袋，统计了一下它们从2003年到2013年的平均价格，然后把金价以及美国标普500指数放一起做了个比较……”

小波拿起那张纸，仔细看了看上面的图，喃喃地说：“还真的是啊……假设我在2003年好不容易攒了10万块，如果用来买黄金，美国股票或者Chanel包包，到2013年的回报率就会分别是：标普500（美国）—— 150%；黄金——300%；Chanel大号手袋——380%；Chanel中号手袋——400%！我的天！”

“所以我说，奢侈品不单单是消费品，而且也是一种回报率很高的投资品种嘛！”小君洋洋得意，“我想要奢侈品可是有充足的理由的！我可不是在Spending，而是在Investing，懂吗？我要囤积一批LV、Chanel、Gucci的包包，十年以后，肯定比你买的那些股票赚得多得多！”

这下MsC可听不下去了，她快步走过来，一边摆着手一边说：

“唉，小君，你以为奢侈品能够保值升值，是一种很好的投资品种，那可是大错特错了！”

“为什么？奢侈品不是每年都在涨价吗？”小君不服气。

“没错，奢侈品确实价格年年上涨，近年来的涨幅更是达到了惊人的两位数，如果你持有这些奢侈品，一定觉得自己赚到了，但事实上，一件东西能不能保值升值，关键是看它被卖掉时的价格，只有卖出价高出你的买入价，那才能算升值了。你手里的奢侈品再怎么涨价，其实也跟你没有半毛钱关系，因为奢侈品一旦进入到二手市场，价格就会经历跳水。财富品质研究院发布的《2013年二手奢侈品报告》指出，在二手奢侈品市场，未使用的奢侈品新品价格一般在5—8折，最低到3折，在其所调研的奢侈品二手门店中的近千款产品中，并没有发现其标价高于市场价的，也就是说，没有一件实现了保值。”

“那……奢侈品里总有可以保值的吧？”小君还心存一丝希望。

“有，但是非常少，不足总量的千分之五。比如说爱玛仕的burking包，腕表类中某些具有复杂功能的机械表、非常珍稀的珠宝首饰等，才能在有限的时间、空间上实现保值。大部分奢侈品特别是服装和皮具，基本上都是消耗品，在二手市场很难有保值和增值的空间。”

小波这下可理直气壮了，“现在你明白了吧？奢侈品根本不能保值升值，纯粹就是消费品。再说了，你说你这么一个大美女，你拎着这么一个包走在路上，你就不怕贼惦记？拎着这么一个包去单位，你就不怕遭人妒忌？你考虑过社会和谐吗？你考虑过人际关系吗？你考虑过你单位女领导的感受吗……”

小波不说不要紧，这一说可让小君炸毛了。“你的那些道理重要，还是我重要?！你说呀、说呀、说呀、说呀！你的那些臭道理、烂道理，都比我重要一千倍、一万倍对不对？在你心里，我根本就不重要对不对？你根本就不爱我对不对？你之前说的那些你爱我你爱我，全都是骗人的对不对?”说着说着，小君一跺脚就往门外跑去。

“小君，小君！别走啊，我去买，买那个什么驴牌还不行吗?”小波只能无奈地追了出去。

“原来啊，奢侈品都是这么卖出去的……”MsC 总算明白了。

第二章

如何优雅地“脱光”

七月流火天。

MsC 穿着一条无袖的碎花连身裙，十分清凉，手里还拿着一把小巧的折扇，边走边扇，一路上迎来众多男生欣赏的目光。

“唉，这天气，我都穿成这样了还是热！”MsC 有点懊恼，猛力摇了几下扇子，走进咖啡馆。

“嗨，这里，我在这里！”小君夸张地挥着手臂。

MsC 朝着小君走过来，她诧异地发现小君今天穿得特别多，长袖、长裤，外加一件厚实的外套。

“小君，怎么我在过夏天，你在过冬天？你穿那么多不热吗？今天可是 37 度啊！”

“不热啊，我觉得还不够热！”小君边说边掏出一块手帕擦汗，“最好天天都是 37 度，越热越开心，越热越赚钱……”

“你……是中暑了吧？”MsC 伸出手去，想摸下小君的额头是不是发烫。

“才不是呢！”小君躲开 MsC 的手，“我告诉你啊，我花 10 块钱在淘宝上买了个高温险，只要 6 月 21 日到 8 月 23 日这段时间里面超过 37 度的高温日天数超过保险合同约定的免赔天数后，每多一个

潘添君 饰 粉领MsC

coffee

Yeah!

结婚好？还是单身好？
怎么能为一棵歪脖树放弃一片森林？
婚姻成本高！
婚姻有收益！
你不和我结婚我找别人去！

37 度高温日，我就可以拿 5 块钱，现在天气这么热，我肯定赚啦！”

“哦……你说的就是最近有家保险公司推出的那个高温险啊！你当保险公司都是吃素的？人家保险公司的精算师概率学都是学得杠杠的，你想赚钱哪有那么容易！”

“现在天气那么热，高温日天数超过免赔天数不是很容易吗？”小君不信。

“你没发现吗？高温险规定只有 30 个城市的人能买，这 30 个城市里，越热的城市保险公司规定的‘免赔天数’就越高，比如火炉重庆，免赔天数是 28 天，也就是说，超过 37 度的高温日要达到 29 天以上你才可以每天领 5 块钱，而根据气象局的统计，在 1980 年到 2010 年的 30 年里，6 月 21 日到 8 月 23 日这段时间重庆平均每年 37 度以上高温日只有 9 天，你觉得今年超过 9 天的概率有多少呢？”MsC 晃了晃自己的手机，“你自己去查查过去 10 年中国天气网的数据，就会发现可以购买高温险的 30 个城市中，有 21 个城市的小伙伴都是没有多少机会赌赢的呢！想跟人家精算师玩，没戏！”

“啊？那我的高温险白买啦？”小君顿时觉得浑身燥热，三下两下把外套给脱了，抢过 MsC 的扇子狂扇，“这鬼天气，能不能不那么热啊，热死了热死了！”

“热啊？我教你一招降温绝技……”MsC 神秘地一笑。

“什么绝技？”

“你呀，找一个你喜欢的人表白，然后心里马上就凉了……”

正说着，恰好一个长得还不错的男生从两人身边经过，一边走还一边吹着口哨。

小君很勇敢地朝帅哥招了招手：“嗨，要不要一起吃个冰淇淋？”

那位帅哥停下脚步，用眼角的余光瞟了瞟小君，然后很不屑地

“哼”了一声。

小君的心果然好凉啊……

帅哥扭头看向MsC，换了一副很谄媚的表情，轻柔地说，“小姐，中秋节快到了，我能邀请你到时候一起赏月吗？”

MsC眨了眨眼，“可是那天月亮不出来怎么办？”

帅哥坐到MsC对面，得意地说：“没关系！我买了赏月险，看不到月亮，我还可以拿到一笔赔偿金！”他一把抓住MsC的手，“我一见到你，我就想‘脱光’了……”

“什么？！”MsC和小君震惊了。

“别误会别误会。”帅哥连连摆手，“我是说，我觉得我一见到你，我就有希望脱离光棍队伍了！我买了个‘脱光险’，一年内结婚我可以拿到一笔钱呢！”

MsC很厌恶地把手抽回来，“哼！原来你长得帅智商却low爆了！什么赏月险、脱光险，就和高温险一样，都是保险公司的噱头，根本不值得买！”

帅哥被骂得一愣一愣的：“那你说什么保险值得买？”

“唉，看来我又得给你们上课了！”MsC清了清嗓子，“无论是高温险、赏月险还是脱光险，都有几个共同的特点，就是——内容奇葩、价格低廉，赔付金额低，根本不能算真正意义的保险，更像是一种彩票，而且啊，你中奖的概率还很低！”

“那我们到底该买哪类保险呢？”小君也很想知道。

“买保险，目的就是买保障，这才是保险的本质，付出较小的成本，转嫁可能发生的风险。从这个意义上说，一个家庭拥有三份保险就足够。”

MsC从桌上随手取过一张菜单，在空白的地方“刷刷刷”写了三行字，递给对面的两人。

“意外伤害险、定期寿险、重大疾病险……我懂了，我这就去给我自己买这三种保险！”帅哥很激动。

“No，No，No！你要为自己去投保？请问你是你们家的经济支柱吗？”MsC 上下打量了下对面这位智商明显不高的帅哥，“注意哦，这三份保险是为家庭的经济支柱投的，您家里谁赚钱更多，他就是被保险人，当然，受益人可以是你自己。有了这三份保险，万一家里的经济支柱发生了意外、生了重病，整个家庭的收入短期内也不会受到巨大的冲击。”

“喂，美女，其实我还想买个保险，就是世界杯我喜欢的球队如果不能拿冠军，能不能有个安慰险？”帅哥嬉皮笑脸地说。

“呃……”MsC 用手指按着自己的额头，无力地想着一个问题——

帅哥的智商都是负分吗……

第三章

为何投连险让你输在起跑线

“咳！咳！”

MsC 正埋头在笔记本电脑上写东西，却被几声一听就是装出来的咳嗽声打断了思路。她悻悻然地抬起头，才发现小君穿着一身簇新的套装，一手拉着裙摆，一手叉在腰间，摆了一个模特的造型，正等着她来评价呢。

“新买的衣服？”

“嗯！漂不漂亮？像不像女神？”

“你这么点工资还买这么好的衣服，我看你不是女神，是女！神！经！”MsC 毫不留情地给了小君当头一棒。

小君一屁股坐到 MsC 对面，不满地说：“不要小瞧我嘛，我好歹已经工作了好几年了，还没穷到买不起衣服的地步，而且啊……我发现了一个赚钱的好东西，你看！”

一张宣传单页伸到了 MsC 眼前。

“这是我朋友推荐的投连险。又有保障，又能赚钱，收益率还特别高，据说年化收益率能到 20%。我靠！简直比巴菲特还牛，和它比起来，你推荐的那些基金简直弱爆了有木有？！”小君得意洋洋地把头凑到 MsC 跟前，“MsC，你要不要也来一份？”

MsC 摸了摸小君的额头，“你没发烧吧……你知道什么是投连险吗？”

小君不耐烦地把 MsC 的手拿开，“我当然知道……投连险嘛！投连险就是……投资‘脸’的保险！”

“呃……”MsC 觉得快要崩溃了——这货天天跟自己粘在一块儿“财商”却不见长进，真的是把自己的脸都快丢光了！

“我说小君呀，这是一个看脸的时代，但投连险真的和‘脸’半毛钱关系都没有！所谓投连险，就是把投资和保险联系在一起的保险产品。我这么讲你大概就明白了：投连险就等于基金加保险！”

“哦……原来是这样。不过啊 MsC，你看它说是有 20% 的收益率耶，可以赚好大一笔钱！管它是什么都值得买吧？”小君提到钱就两眼放光。

“哎，小君，我告诉你……”MsC 的话还没说完，就见小君转头冲着门口用力挥着手，“嗨，我在这里！”跟着小君的目光望过去，MsC 就见一位西装笔挺、夹着公文包的包子脸男生朝着她们走了过来。

“我来介绍一下！这就是向我推荐投连险的小包。小包，这就是我的好闺蜜，大名鼎鼎的 MsC。”小君站起身把包子脸带到 MsC 面前。

“久仰久仰，我叫包发财，只要买了我的保险，包你发财！”包子脸满脸堆笑。

“哦？是吗？可我怎么觉得你推荐的投连险一点都不靠谱。”MsC 礼貌地站起身来，冷冷地说。

包子脸皱起了眉头，这让他的脸更像包子了……他用挑衅的眼神望向 MsC，“我听小君说你也是理财专家？那敢不敢和我 PK 一下？”

MsC 冷哼了一声，“行啊！放马过来！”

两人都气势汹汹地瞪着对方，空气中充满了火药味。

“唉呀妈呀，我要搬个凳子看好戏！”小君坐了下来，还夸张地挪了挪椅子，好离他们更近一点。

“我的投连险又能保险又能投资，一举两得！哼！”包子脸率先开炮。

“投连险的保险金和投资账户挂钩，投资亏损，保险金也会相应减少。万一遭遇熊市，根本就是既赚不到钱，也保不了险！根本是‘人财两空’！”MsC 马上反击。

“我们投连险业绩出色，从 2004 年到 2012 年涨幅近 7 倍，年化收益率 20 以上哦！”包子脸一脸傲娇的表情。

“比收益，Who 怕 Who ？！”MsC 毫不示弱，“基金长期业绩同样不差，就拿万得普通股票型基金指数来举例，从 2004 年初到 2014 年末的 11 年，年化收益率可是达到了 17.10%！而且啊，如果碰到牛市，基金赚快钱的能力那才叫强！ 2015 年 4 月末的数据显示，过去一年中有 421 只基金的涨幅都翻了一番以上！”

包子脸感觉自己的胸膛上中了一枪。他抚了抚胸口，咬牙死撑：“我的投连险有 3 大账户，涵盖高中低不同风险等级，账户之间一年可以免费转换 12 次，比投资基金便宜多了！”

“虽然投连险账户转换不收费，但资金买进卖出有 0—2% 的买卖差价。另外还有 1.5%—5% 的初始投资费、0.3%—2% 的资产管理费以及 1%—1.5% 的退保手续费。相比之下，基金的申购、赎回费最高只有 1.5%，而且还可以打折扣！因此，基金的投资成本只有

投连险的 1/2—1/3。以 10 万元投资额计算，每年可以少花好几千块钱，是不是更划算啊？”MsC 轻松化解。

投连险	基　金
初始费用 1%—5%	申购费 0%—1.5%
买卖差价 0%—2%	
持有时管理费 0.3%—2%	管理费 0.33%—1.5%
退出时退保费用 1%—1.5%	赎回费 0%—1.5%

“咳咳……”包子脸颓然地坐了下来，用咳嗽掩饰着自己的尴尬。小君却幸灾乐祸地捅了捅他，“喂！你的战斗力很弱唉！”

“不过买投连险也有特殊福利哦……”MsC 突然悠悠地说。

包子脸惊喜地抬起了头，用期盼的眼神望向 MsC。

“投连险业绩一个月公布一次，退保也要一个月。如果遇到熊市，1 个月前还盈利，1 个月后突然发现巨亏，取出来还要等 1 个月，这份惊吓和焦虑，是不是比看恐怖片要刺激多了啊？！”MsC 的语气里满是调侃。

包子脸的头已经埋到了桌子底下……

“没想到投连险这么不靠谱！MsC，那我该买什么呢？”小君边说边把椅子往边上挪了挪，好离包子脸远一点。

“很简单，选一个靠谱的基金，再挑一份合适的保险！就像我刚才说的，投资 10 万的基金一年能比买投连险省好几千的费用，这些钱足够你买数百万的意外险或者几十万的重大疾病险了。这才真的是‘投资保障’两不误！”MsC 说得非常肯定。

“喂保险公司吗，我要理赔……”这时，一个弱弱的声音响起，包子脸从桌子下面探出头来，拨通了电话。

“您的投连险账户已亏光，请重新投保……”电话里传来话务员平板的声音。

“啊啊啊……”

MsC 和小君侧脸一看，包子脸已经彻底倒下了……

第四章

如何带给 TA 安全感

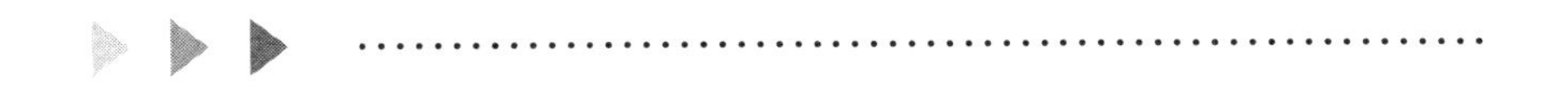

“小波，你为什么看中小君啊？”MsC 漫不经心地问正在看报纸的小波。

小波扭头看了看身边正在大口大口吃着冰淇淋、时不时还舔一舔手指头的小君，没好气地回答：“为什么，因为有安全感啊！”

“真的吗？”小君终于肯从冰淇淋筒上抬起了头，笑嘻嘻地问。

“嗯——看着伤心、在家省心，出门放心！多有安全感啊！”小波白了她一眼。

“你——”小君伸出一根黏糊糊的手指头指着小波，气得说不出话来。

见势不妙，MsC 只好打圆场：“好了好了！小君，那你又为什么看中小波啊？小波可是居家好男人，一定能给你带来安全感吧？”

“错！”小君大义凛然地说，“世界上有一样东西更能给我带来安全感！”

“是什么？”小波很想知道小君的答案。

小君一字一顿地说了三个字：“姨……妈……巾！”

“姨妈巾的长度越长，越能给我带来安全感！超长夜用姨妈巾，光是看到包装袋上的数字，就能给我带来一种莫名的安全感……”

小君像念广告一样，陶醉地闭上了眼睛。

“什么嘛，我还不如姨妈巾？！”小波撇撇嘴。

“就安全感而言，你差远了！”小君很得意。

“哼！要我说吧，你的安全感比起一样东西也差远了！”小波带着一脸贼忒兮兮的笑。

“什么？”小君有点警惕。

“安……全……套！所有厂商都承诺安全系数高达97%以上，够安全了吧？”

“……”

听着小波和小君越来越荒唐的对话，MsC忍无可忍地打断他们：“唉唉唉，你们别闹了，说起安全感，你们想过没有，什么样的投资才能给你带来安全感？”

“投资啊？简单！”小君抢过小波手里的报纸，指着上面的广告对MsC说，“看看，这种写着‘零风险’、‘保本保收益’的理财产品就能给我安全感！这可是个P2P产品，Peer to Peer Lending，小波你听不懂了吧？翻译过来就是‘同伴与同伴之间的借贷’，就是我通过网络P2P平台借钱给别人，然后就等着坐收百分之十几的利息，有安全感吧？”

“切，不就是放高利贷的改叫P2P了，看场子收保护费的改叫平台了吗？你知不知道去年一年有多少家P2P平台关门跑路？一百家！那个时候你的钱血本无归，你会哭死的！还安全感，哼，我会和你有隔世之感！”小波不屑地抢回报纸。

“对哦，小君，小波说得没错，你别以为写着‘保本保收益’的产品就有安全感，这当中很多产品，安全感真的还不如这个呢！”MsC抽出自己身后的抱枕晃了晃。

“哦……那 MsC，那你觉得在挑选理财产品时到底该怎样判断哪个产品更安全呢?”小君难得认真一回，毕竟谁都想知道这个问题的答案。

“这个嘛，就拿你刚才说的 P2P 产品为例，让我来教你四招，瞬间提升你投资的安全感!”终于回到了自己的“主场”，MsC 很自信。

“第一招：看投向。先别去管产品五花八门的名字，你一定要知道你的钱最终是去了哪里?比如 P2P 产品，你一定要能够查询得到自己的钱到底是借给了谁。如果一个 P2P 平台不披露资金去向，只是承诺说你可以随时投钱进去马上就可以生息，这种平台的风险都是很高的。另外啊，你的钱到底是借给了谁，安全感也是不同的哦!”

MsC 拿起桌上的笔，在报纸的空白地方“刷刷刷”地写起字来，边写边念:

“借给个人——安全指数 5 颗星;

借给有抵押的企业——安全指数 3 颗星;

借给无抵押的企业——安全指数 0 颗星。”

小波抬了抬眼镜，有点困惑:“MsC，为什么借钱给企业反而更没安全感呢?”

MsC 微微一笑，“你想啊，什么样的企业需要民间借款?当然是在银行借不到钱的。银行不愿意借钱给他，至少说明这个企业的风险比较高吧?”

“第二招：看靠山。这可是个拼爹的年代啊，理财产品当然也不例外。就拿 P2P 产品为例，我们必须要考察创办这个 P2P 平台的人是谁。不同的‘爹’，给你的安全感当然不一样。银行、保险机构创办的 P2P 平台——安全指数 5 颗星；有独立 VC 投资的 P2P 平台——安全指数 3 颗星；高管中有风控从业经历——安全指数 1 颗星；高管是名校背景、投行、私募背景——安全指数 0 颗星……”

“名校背景都是忽悠，这个我懂的！我还是哈佛毕业生呢！”小君听到这里忍不住插话。

“什么？！我怎么不知道？”小波诧异地扭头看小君。

“嘿嘿，哈尔滨佛学院……”

“……”

MsC 无奈地摇摇头，继续自己的“理财经”：“提升投资安全感，还有两招哦！”

“第三招：看预期收益率。不要盲目追求高收益，高收益对应的一定是高风险。就 P2P 产品而言，目前中小企业融资的综合成本如果超过 20%，就很难持久，这个临界利率传导到理财的人那里，就是大约 15% 的收益率。所以，超过 15% 收益率的 P2P 产品，你都需要谨慎对待！”

“最后一招：分散投资。不要把鸡蛋放在一个篮子里，这一招虽然传统，但却有效。P2P 目前虽然非常火爆，但是良莠不齐，所以建议你在 P2P 上的投资绝对不要超过你可投资资产的 30%，并且最好投资在不同的平台，不同的项目。”

“我算彻底搞明白了。”小波听得频频点头，“对了 MsC 啊，对你来说什么最有安全感呢？”

还没等 MsC 回答呢，小君就抢着说：“这还用说，MsC 当然是身边帅哥越多，越有安全感啦！”

“那是你吧……”

第五章

理财产品有担保也不靠谱

“唉呀……妈我知道了，我肯定去行了不?”MsC有点烦躁地挂断电话，叹了口气。最近老妈广场舞也不跳了，三天两头张罗着给她安排相亲，MsC推了几次，这次再也找不到理由了。老妈反复强调这次是个富二代，各方面条件都很好。“富二代有什么稀奇……我要靠我自己的能力做富一代!”MsC心里想着，不情不愿地出了门。

到了约定的餐厅，MsC刚一走进去就看到有个梳着飞机头的男生夸张地朝她挥手:“嗨，这里，我在这里!”MsC走了过去，飞机头殷勤地给她拉开椅子，做了个“请”的手势。

“C小姐，知道我老爸是谁吗?”MsC刚一落座，飞机头就迫不及待地问。

哪有人一上来不介绍自己先介绍自己爹的呀……MsC心里嘀咕着，半开玩笑地问:“你爸是……李刚?”

“什么呀，我爸是刘刚!知道他刷牙用什么杯子吗? 600年前明朝皇帝用过的鸡缸杯!珍贵文物啊，他也就拿来……漱漱口而已!”飞机头一脸的得意。

“真够土豪的……”MsC面上淡淡地说。

“所以啊，有我老爸的财产做担保，今天啊，我要让全世界都知道，这个餐厅都被你承包了!”飞机头完全没有感受到MsC的冷淡，还一个劲儿地把菜单酒水单往MsC这边推，“今天你随便点，我刷我爸给我的金卡!”

“好霸气……”MsC的脸上浮起一个礼貌的微笑。

“那是!我交朋友从来不在乎对方有没有钱，因为都没有我有钱!”

“那你在乎什么?”

“我在乎……有没有胸……”飞机头的眼睛像扫描仪一样飞速地扫了扫MsC的上半身。

“……”MsC无语了。

一顿饭就这么在飞机头不停炫富的独白中临近了结束。飞机头从钱包里抽出一张信用卡，潇洒地一挥手，“服务员……买单!”

服务员接过卡在POS机上连刷了好几次都没反应，只好无奈地把卡递回给飞机头:“先生，不好意思，你这张卡无法使用。”

“啊?不可能!我爸不可能这样子对我!”飞机头怒气冲冲地拿起手机拨了个电话号码。就在电话接通的刹那，他的脸上换了一副谄媚的表情，“喂，干爹……你给我的卡怎么刷不了啦?你不是说任何时候都担保我有钱花的吗?”

“嗨，我现在自身都难保了，还保你?当然要把你们这些干儿子的卡都停了啊!”手机另一端传来一个粗豪的声音。

“不要啊!您不还刚刚拍了个鸡缸杯，说是好几个亿的嘛!”飞机头带着哭腔说。

“这个杯子嘛，是我在淘宝上花18块钱买的!”电话那头传来“咕噜咕噜”喝茶的声音。

“啊?!”

“我还得去申请破产，不说了我挂了！”

飞机头的手机屏幕暗了下来，他的脸色也暗了下来。

“MsC 小姐，我这个干爹不行，没关系，我再另外换个爹，一定能够让你承包餐厅的，大不了我们换成承包鱼塘，鱼塘不行我们就换成……”飞机头越说声音越小。

“唉，你换哪个爹来保你都没用，其实我看重的是你自身的能力嘛！”MsC 摇摇头，掏出自己的信用卡买单结账，心里暗自懊恼白白浪费了时间。

“别走别走！我能力很强的！我每周五都在爱奇艺上看《她汇理财》，就是想提升我自己的赚钱能力啊！”飞机头一把拉住正要起身走人的 MsC。

“这就对了嘛！说说看你都学到了些啥？”MsC 来了兴趣，坐回了位子上。

“我记得《她汇理财》有一期讲过 P2P 网贷产品，我呢就去买了啊，我就专门挑那些有担保的产品买，这个才靠谱！像平安陆金所的产品，说是要去‘担保化’，新推出的产品都没人担保了，那不就是没爹罩着了吗，那我才不买呢！”

“唉，我说你怎么就这么喜欢有人保你呢？其实啊，任何一种理财产品，即便它说了有谁谁谁来担保，你也不能全信啊！”

“啊？为什么？”

“因为……担保公司和你的那个干爹一样，不一定靠谱啊！”MsC 抿嘴一笑。

“目前 P2P 产品大部分都有担保，担保的方式主要分为两种：一种是由 P2P 平台自身的担保公司担保。这种担保最不保险，因为 P2P 平台和担保公司是一家人，一旦平台倒闭，或卷款跑路，担保就成了一纸空文。第二种是由第三方担保公司担保。而这种担保方式又分为一般责任担保和连带责任担保。大部分 P2P 平台所谓的第三方担保都是一般责任担保，当发生违约时，只有在确认借款人完全没有偿还能力的时候才会赔付，因此如果遇到耍赖皮的或者找不到借款人的情况，担保公司是不会赔付的。只有极少数 P2P 平台使用的是连带责任担保，这种第三方担保才是最可靠的，一旦发生借款逾期或违约后，担保公司都得赔。"

"唉，我以前买理财产品都只看有没有担保，有爹就好、没爹走开！现在我算明白了，理财产品的担保好多都是虚的，就跟我一样，想找个靠得住的干爹太不容易了……"飞机头感慨地说。

"所以啊，有担保的未必是好产品，没有担保的未必是坏产品，还是要考察产品本身啊。"

"怎么考察？"

"你到底有没有认真看《她汇理财》啊？真正能给你带来安全感的理财产品，你必须还是要考察产品本身的投向、预期收益率、发行产品的公司本身的实力，还有就是你要分散投资，一句话，靠自己啊！"MsC 嫌弃地看着飞机头。

飞机头突然一把拉住 MsC 的手，无比娇羞地说："我现在觉得，MsC 你最能给我带来安全感，我还是靠……你吧！"说完还冲着 MsC 眨了眨眼睛。

"哇……"

MsC 吐了。

第六章

99% 的人正在被“潜规则”

“MsC，导演刚跟我打电话啦，通知我去面试一个网剧的女二号！”小君扔下手机，兴奋地对 MsC 大声地说，“我要当明星啦！”

不就是女配角吗……MsC 心里嘀咕着，揉了揉被小君的大嗓门炸得嗡嗡响的耳朵才说，“哦，那你可要当心被导演潜规则哦！”

“潜！规！则！”小君的声音又提高了八度，“对啊我怎么忘记这茬了呢？我一定小心！我走啦！”

MsC 还想着再多叮嘱两句呢，小君已经转身一溜烟地跑走了。

此时，就在街角的一个咖啡馆里，一位戴着黑框眼镜打扮很文艺的男士正摇头晃脑地轻声哼着歌儿，看上去心情很好的样子。服务员走了过来，笑着问：“是不是老样子，焦糖马奇朵加奶油？”

文艺男打了个响指，冲着服务员挤了挤眼睛，“还是你懂我！”

服务员显然对他很熟悉，瞟了瞟他说：“今天你挺开心的嘛！有啥好事儿？”

“当然有好事儿！就是我的女朋友怀孕了……当然，孩子不是我的！”

“啊？这你还高兴？”服务员张大了嘴巴。

“嗨，我说的是《她汇理财》里的女二号，演我女朋友的那位，她怀孕了要退出了，所以啊，导演让我自己再挑一个女二号。挑演员啊，那我是不是可以潜规则一下，至少摸个小手啥的，你懂的……”

“哦……”服务员不以为然地摇了摇头，转身离开。

文艺男闭上眼睛继续自得其乐地哼着小调，突然被一个大嗓门的女声吓了一跳：“你好！我是小君！”

文艺男睁开眼睛抬头一看，一个脸蛋圆身材更圆的女生满脸期待地站在他面前，一只胖胖的手正朝他伸着。

文艺男勉强地伸出自己的手和小君握了握，转头向远处正在抿嘴偷笑的服务员瞪了一眼，无声地说了句：“这……让我怎么潜得下去！”服务员笑得更欢了。

文艺男转过头来，眼珠子一转，很傲娇地对小君说：“你好啊！你……想演我的女朋友？”

“想啊想啊！”小君很急切。

“那你可得潜规则懂不？最近啊，我想要苹果六代！”

妈呀，还真让MsC说中了，真有潜规则啊……小君偷偷地吐了吐舌头，飞快地从包里掏出一个苹果，递了过去：“苹果我有啊！先给你一个，我老家就是种苹果的，别说六袋，六十袋都没问题！”

文艺男盯着那个明显是在包里放了好几天已经有点干瘪的小苹果，哭笑不得。

这时，MsC推门而入，晃着手里的手机走了过来，“小君！你个粗心鬼，手机都忘拿了！”

“MsC，你不知道，刚刚这人想潜规则我！”小君就像见到了救星，立马抱住MsC的肩申诉。顿时，整个咖啡馆的人都顺着她的手指看向了文艺男……

文艺男擦了擦汗，尴尬地拿起苹果啃了一口，“我哪有啊，不就吃了她的一个苹果，还是烂的！再说，哪里有那么多潜规则！”

MsC 摇了摇头，“潜规则嘛，还真是到处都有，我前面去银行买理财产品，发现这里面其实也有很多潜规则哦！”

“真的吗？你给我讲讲！”文艺男赶紧转移话题。

“银行理财产品的潜规则可多啦！”MsC 的 showtime 来了……

“潜规则一：**募集期不计息**。银行理财产品一般都会有 3 到 10 天的募集期，在募集期间，客户的资金处于锁定状态，是不计息的，如果你买的资金额很大，利息损失可不小哦。

潜规则二：**产品到期日并非资金到账日**。经常会有人问，银行理财产品到期了，为什么收益和本金还没有到账啊？其实啊，你们不知不觉中被理财产品的‘清算期’摆了一道啦。所谓清算期，就是在理财产品到期后，银行还需要一个资金清算的时间，一般是 1 到 4 个工作日，但有的会达到 7 天。清算期越长，客户的损失就越大，因为在这个期限里，客户的资金也是没有任何收益的。”

“靠！”小君一拍桌子，义愤填膺地说，“我买理财产品的时候银行客户经理从来不告诉我募集期多长、清算期多长，原来这里面还有潜规则啊！”

“你能不能温柔点？”文艺男嫌弃地白了小君一眼，转头对 MsC 说，“我知道了，以后买理财产品的时候还要多留个心眼儿，挑选那些募集期短、到期后回款快的产品。还有什么潜规则吗？”

“当然有啊！”

“潜规则三：**理财产品评级不靠谱**。在银行理财产品的说明书中，我们经常能看到相关的风险评级，有的是数字，1 级 2 级，有的是颜色，黄色红色什么的，但这些评级其实都是银行自己给自己评定的，并非是第三方机构评的，不可全信。对于投资人来说，还必须认真阅读产品说明书，关注资金投向。如果资金投向为存款、国债、金融债、央行票据等，这样的理财产品风险就低；如果资金投向为二级市场比如股票，这样的理财产品风险就偏高。”

“潜规则四：**理财产品到底是银行自发的还是代销的追索责任大不同**。在银行渠道里，大部分银行理财产品都是银行自发的，但也不排除银行作为代理销售其他的理财产品。所以啊，你一定要仔细看下银行理财产品的说明书中，如果明确写着‘银行作为投资者的代理人 blabla’，对于这种产品合同，银行只承认它是代理、委托人，一旦出了事，它可是不负责的哦！”

“看来要对抗潜规则，我们就要多看、多问，看产品说明书，问银行客户经理，把产品搞清楚了再买。”文艺男听得频频点头，一脸崇拜的表情。

小君不服气地说，“MsC，我觉得还有一条潜规则你没说。就是银行理财产品都会公布一个预期收益率，大家在潜意识里都觉得这个预期收益率就是实际收益率，实际上理财产品和储蓄，根本是两码事，理财产品可不是稳赚不赔的！”

MsC 对着小君竖了竖大拇指，“小君说得太好了！所以我们买银行理财产品不能光看收益率，一般来讲，小银行的银行理财产品收益率会更高，但风险也会更高一些哦！”

文艺男转头打量了下小君，“看不出嘛，你虽然没有外表但是偶尔也会有内在……”

“那你也休想潜规则！”

“……”

第七章

读懂最帅基金经理的心

“快来看快来看！”MsC抬起头来朝小君招手。

小君凑过去看MsC手里的iPad，“看啥？哎呀，有帅哥嘛！”

“切，帅不帅不是重点，重点是看他说了什么！”MsC伸出手指戳了下小君的额头，“人家可是汇丰晋信科技先锋基金的基金经理，管的基金2015年头5个月就涨了133.64%，听听他对市场的分析会很有帮助的好吗？”

“可是那些基金经理简直不是人嘛！说的都不是人话，我听也听不懂！”小君噘着嘴委屈地说。

MsC抿嘴一笑，“哦，他们当然是人啊，但他们是‘对牛弹琴’啊！”

“哼，我才不是‘牛’呢！我是‘牛人’懂不？MsC，你来给我解释下吧！我也想听听基金经理到底说了些什么。”

“好啊。通常呢，基金经理分析市场，会从宏观经济、企业盈利、流动性、市场的估值这几个方面来谈。”MsC说着，按下了屏幕上的播放键。

“2015年下半年A股市场到底表现会怎样，我接下来从宏观经济、企业盈利、流动性、市场的估值这几个方面来谈……”屏幕上戴着眼镜的斯文男子侃侃而谈。

“MsC，看看看，他说的和你说的一样呢！你也可以去做基金经理了嘛！”小君大呼小叫。

“嗨，我只是知道他们的分析方法，但我又不知道他们是怎么分析的，你知道中医医生一定会望闻问切的，你就能当中医了吗？”MsC白了小君一眼，“别打岔，我们来听听看他是怎么分析的。”

“从宏观经济来看，下半年依然处于弱复苏的状态，而企业盈利……”屏幕中的基金经理冷静地说着。

小君举起了手：“这段我大概听懂了。宏观经济变好、企业赚钱增加，那对股市来说都是好消息，股票就会涨！”

MsC连连摆手，“那还真不一定。因为市场的涨跌还受到其他因素的影响呢。比如……”她指了指iPad，屏幕上的基金经理正在说：“从流动性来看……”

“MsC呀，什么叫流动性啊？市场上又没有水，怎么流啊？”小君又忍不住问了个问题。

“流动性这个词啊，实际上是有三种含义的……”MsC索性按下了屏幕上的暂停键，转头对小君说，“我来给你详细解释下吧！”

“流动性有三种含义，第一种是指整个宏观经济的流动性，指的是经济体系中货币的投放量的多少。流动性过剩，就是指央行往市场上投放了过多的货币，这些多余的资金需要寻找投资出路，过量的货币追逐有限的金融资产，导致资产价格例如房地产、股市、资源类商品快速上升和受益率的持续下降，这就是所谓的资产泡沫。”

“在股票市场，我们提到流动性指的是在整个市场上，参与交易的资金相对于股票供给是多还是少，在股票的供给不变的情况下，交易资金的增长速度快于股票供给的增长速度的话，即便公司盈利不变，也会导致股价上涨，所以我们才要关心市场上的流动性。”

“针对单一的投资品种，流动性又是另一个概念，指的是这个投资品种买卖的难易程度，比如说我买了这只股票后如果很难卖出去或者要想卖出去只能用很低的价格，那么我们就说这只股票的流动性很差。”

“我明白了！”小君很自信地说，“资金就像水，钱太多了，就像发洪水了一样流动性很充裕！”

“你的比喻很好哦。”MsC 给了小君一个赞赏的微笑，“基金经理刚刚说的流动性，是指宏观经济，但是宏观经济的流动性也会影响到股票市场的流动性，所以一般如果说‘流动性好’，就是指钱多，对股票市场有利；反之，就不利于股市的上涨哦。”

MsC 按了按播放键，屏幕中的基金经理继续说，“从市场的估值来看……”

“MsC 呀，什么是估值啊？”小君的问题又冒了出来。

这货好吵……MsC 现在非常后悔叫上了小君一起看节目，她无奈地再次按了按暂停键。

“好吧，我再给你解释下估值。所谓估值，其实就是估计出来的价值。这就跟买收藏品一样，我们要请鉴定师去鉴定下这个碗到底值多少钱一样，买股票的时候其实也需要判断一下现在的价格是高了还是低了。怎么判断呢？我们通常用的是相对估值法，选择市盈率作为衡量的指标。”

“那什么叫市盈率啊？”小君摆出了打破砂锅问到底的架势。

“市盈率，也就是 PE，指的是价格与每股收益的比值（PE = p/

e)，从直观上看，如果公司未来若干年每股收益（e）保持不变，那么PE值就代表了公司保持这个盈利水平所需要的年限，这类似于实业投资中的回收期的概念。同样是50元的两只股票，每股收益分别为5元和1元，市盈率就分别是10倍和50倍，意味着要分别在10年和50年以后才能从两家企业盈利中收回投资，从这点来看，市盈率10倍的股票更有投资价值。”

“市盈率是相对估值法，所以我们通常是把市盈率拿来做横向的和纵向的比较，比如和这只股票过去历史的市盈率比，现在这个市盈率是高了还是低了；再比如和行业类其他公司比，这个市盈率是高了还是低了，以此来判断说这只股票现在是贵还是便宜。”

“但是，要注意的是，我们往往用的是预测的e来计算‘动态市盈率’，比如用预测的2015年某只股票的每股收益来计算出这只股票的2015年动态市盈率，因此啊，预测的准确性就会影响到估值的准确性。”

“明白了。刚才基金经理说估值低，相当于便宜；估值高，就是太贵了。我这么聪明，一定买便宜的啦！”

“嗯，你终于明白了。不过要记住，估值不是决定股价涨跌的唯一标准哦。我们继续吧。”MsC再次按下了播放键。

“综合以上因素来看，我对市场依然持乐观态度。我比较看好的行业……”

MsC专注地听着，而她身边的小君已经不耐烦了，坐在位子上扭来扭去。MsC拍了拍她，说：“小君你认真听啊！明星基金经理看好哪些行业和板块，这个很重要哦，A股市场上2000多家上市公司，你只要认真研究他们看好的那些行业里的公司，说不定就能找到牛股呢！”

小君却一脸兴趣缺缺的样子：“找牛股？不如找帅哥基金经理嘛……”

“切……”MsC 瞟了瞟自己的花痴闺蜜，无奈地说：“你要见基金经理，那也不是不可能。”

“真的？！”小君的两眼冒着闪闪的星星。

“本小姐带你去基金公司走一趟咯！”

“耶……”

MsC 觉得自己的耳朵快被小君超高分贝的欢呼声震聋了……

第八章

揭开基金公司投资内幕

“MsC，咱们说走就走！”小君拖着 MsC 的手就往门外走。

“急什么……等我打电话约一下呀！”MsC 有点无奈。

“唉？你们要去哪里？”这时，电梯门开了，小波正好走了出来，“小君，你不是约了我去看电影吗？”

“我才不要去看电影！我要去找帅哥……不对，去基金公司找牛股！”小君着急慌忙地拉着 MsC 窜进电梯。

小波呆了半晌，就在电梯门快要合上的一瞬间，“嗖”地一下也挤了进来，“我也要去！”

MsC 看着面前的“活宝二人组”，无可奈何地说：“先约法三章，基金公司可是专业的金融机构，你们在里面可不要大呼小叫的哦！”小君和小波两人连忙点头。

三人出了小区坐上地铁，很快就到了上海最高大上的地方——陆家嘴。走进一幢豪华气派的写字楼，小君和小波变得局促起来，小君也一改平日咋咋呼呼的做派，紧紧地跟在 MsC 身后上了电梯。

电梯门一开，MsC 率先迈步出去，对着小波和小君弯腰做了个“请”的手势，微笑着说：“这里就是你们朝思暮想的——基金公司。”

小波抢在小君前面冲到前台，对着前台小姐后面闪闪发亮的公司 logo 手舞足蹈："牛股，我来了！"

小君抢上一步推开小波，"帅哥，我来了……"

"……"前台小姐莫名其妙地看着面前似乎不太正常的两人，犹豫着要不要叫保安。

MsC 擦了擦汗，赶紧从两人身后走上前来，对前台小姐微笑着解释："我们是和科技先锋基金的基金经理约好了来参观的。"前台小姐这才松了口气，把三人带进了一道挂着"投资部"铭牌的走廊。

宽敞的办公室被半人高的隔板隔成了一个个整齐的格子间，几乎每个格子间里都能看到一个埋头工作的身影。

小波蹿到一个没人的座位上，毫不客气地开始翻看桌上摊开的资料，东摸摸西瞅瞅，整张桌子很快被就他翻得乱七八糟。

"小波你找到牛股了吗？"小君期待地问。

"唉，我发现，做投资比和你谈恋爱还累！"小波沮丧地说，"这么多研究报告，基金经理到底是怎么看完的？而且小君你看，喏，这份研究报告，推荐买入这只股票……"他举起左手里的资料晃了晃，放回桌上，又举起右手里的资料，"可是这份研究报告呢，又建议卖出这只股票，基金经理不是越看越糊涂了吗？"

小君也迷惑了，两人对着面前散乱的研报发呆。

这时，前面的格子间探出了一个脑袋，"还是让我来告诉你们，我们基金经理是怎么看研报的吧。"

"你……不就是那个接受采访的帅哥基金经理吗？！"小君又开始花痴了。

戴眼镜的基金经理愣了一下，没搭理小君，继续说："这么多的研报，基金经理是怎么选择的呢？首先呢，通过标题和摘要来快速找到研究报告的核心要点和投资逻辑。研报的核心投资逻辑其实往往是很简明扼要的，往往从摘要甚至标题中就能快速发掘其价值，这样也可以快速过滤掉海量研报。其次，对筛选出来的深度研究报告，我们会重点关注支持投资逻辑和投资结论的相关的论据资料。第三，对我们重点关注的报告，我们还需要进一步深度挖掘支持其论据的财务数据，尤其是核心财务假设，甚至我们会直接与作者面对面讨论相关的核心问题和假设，来评估风险和收益。”

基金经理滔滔不绝地说着，小波拿着小本本狂记着笔记，嘴里还念念有词。小君在一旁不耐烦地说：“你记那么认真干嘛？他说了那么多，对我这种小散户也没啥用处嘛！我平时又看不到他看的那些研报。”

“你错了，只要你用心，生活中其实处处有研！报！”MsC 在一旁非常肯定地说，“通常你的开户券商就会为你提供丰富的研究报告，上开户券商的网站上就可以看到；万得、大智慧等等你使用的股票资讯平台上也会提供各类研究报告；还有啊，如果你懂一些会计知识，那就多读企业的财务报告。其实啊，只要能读通财务报告，你就超越了市场上绝大部分的投资者啦。”

“对对对！”基金经理接过 MsC 的话茬，“多看报、多读财经新闻，甚至在超市里实地考查下你看中的企业的产品的销售情况，都会有帮助哦！”说完，他就坐回自己的位子上继续忙碌了。

听了基金经理和 MsC 的话，小君低头思考着，而小波又埋头研究起桌上的研报来，过了好一会儿，他激动地一拍桌子站起来，“我决定了！就买这只股票！”

小君也跟着嗨起来：“那我们就全仓杀入！说不定能有 10 个涨停板！”

前面的格子间传来基金经理重重的叹息声，“唉……无知者无畏啊……”

小君伸手拍了拍隔板，“又怎么啦？有话直说！”

基金经理的脑袋又探了出来，“要知道，投资可不是随性而为，这里面规矩可很多啊！”

“为了对基金投资人负责，基金操作有严格的‘双十’规定。基金持有单一股票的价值不能超过该股流通市值10%，也不能超过基金总资产的10%。这样做是为了充分分散风险，防止基金净值大起大落。同样，个人投资者在投资股票时也要注意分散不同板块，不同个股。押偏门固然赚得爽，但亏起来同样会让你痛到心底的啊！”基金经理的语气很严肃。

正说着，基金经理桌上的电话响了。“哎呀，我要去开投决会了！”基金经理撂下电话，夹了一本笔记本拔腿就走。

“等等我，我也要去开那什么‘缺头会’……”小君想追上去。

MsC一把拽住她，“什么缺头会、头缺会的？人家那叫‘投资决策委员会’，简称‘投决会’！基金公司一般都会设有这样的决策机构，由投资总监、基金经理等投资相关人员组成。他们开会的时候，其他人都不能参与，更别说公司外面的人了。”

“规定这么严格？”小波撇了撇嘴。

“那是。基金公司的投资都是有严格的流程的，通过流程来规范研究方式，减少投资的随意性，这样子基金的投资业绩才能持续啊，而不是换个基金经理风格就变了，业绩也变脸了。”

“晕了晕了……”小波揉了揉额头，“我不就想学基金经理怎么买股票嘛，搞这么复杂，我还不如直接买基金呢！”

MsC赞许地点头：“别说，面对越来越复杂的市场，把钱交给专家去打理还真是一个不错的方法。”

“就是就是，我看那个基金经理那么帅，管的基金一定好！”小君一脸的陶醉。

“来基金公司一趟，你就学会了冲着颜值买基金啊啊啊！”

MsC 的内心是崩溃的……

（注：以上情节纯属虚构，真实生活中基金公司投资部外人免入，擅入者后果自负哦。）

第九章

那些买基金的美丽谎言

“服务员，再来一个冰淇淋，双球的！”正餐还没结束呢，小君就开始惦记甜品了。

“你能不能少吃点甜品啊，没发现你最近胖了吗？”MsC 担忧地看着小君越来越圆的脸。

“我哪有变胖？”小君摸了摸自己的脸，满不在乎地说，“小波都没说我胖，还天天夸我呢！”

“真的吗？他怎么夸你？”MsC 很怀疑。

“嗯！他最近嘴巴可甜了！”小君笑得那叫一个阳光灿烂。

“比如？”

“比如——‘我的眼里全是你’！”

“还有呢？”

“还有——‘你在我心中，分量越来越重’。”

“你确定他是在夸你？”MsC 越听越觉得不对。

“怎么不是夸我啊？昨天晚上我们一起看月亮，小波还拉着我的手说‘月圆——人更圆’。”小君洋洋得意。

“我觉得吧，小波那是在委婉地说你……胖！”MsC 毫不客气地给了小君当头一棒。

“怎么可能?!”小君不服气了，放下筷子气哼哼地瞪着MsC。

“不信?那你找他来问问嘛!”MsC开玩笑地说。

“找就找!”小君较真了，拿起手机就拨通了小波的电话，“喂!你十分钟内立刻出现在我面前，立刻，马上!”

十分钟后，小波气喘吁吁地走进了餐厅。

“什么事啊，心急火燎的!”小波边坐下来边对小君抱怨。

“我问你啊，你是不是觉得我变胖了?!”小君板着脸问。

小波打量了下小君的脸色，来者不善啊……赶紧赔着笑脸伸手搂住小君的肩膀，“你哪有变胖?明明是我的手变短了……而已。”

小君的脸色更难看了:“哼!我算是明白了，你就是说我胖!什么我在你心中分量越来越重，就是嫌我重!什么月圆人更圆，就是说我比月亮还要圆!”

“我这不是……善意的谎言吗?”小波小声地申辩。

“说谎就是说谎!什么叫善意的谎言?”小波的申辩立刻淹没在小君铺天盖地的讨伐声中。

“哎呀打住打住……”MsC看不下去了，“小波也没说错，他不过就是说了几句善意的谎言而已，又没什么大要紧，小君你放着会让你亏钱的谎言不管，反而去纠结这种小事情，小心因小失大哦!”

“嗯?什么叫会让我亏钱的谎言?!”小君立刻扭过头来。

小波揉着被小君掐得生疼的胳膊，赶紧附和着:“是啊是啊，MsC，什么谎言会亏钱?”

“喏，看这里!”MsC伸出手指点了点桌上的报纸。

小波和小君顺着MsC的手指看去，一行醒目的标题赫然纸上——“买基金不要选时”。

“买基金不要选时……我经常看到报纸上这么说啊，这有什么不对吗？”小波狐疑地问。

“嗨，你怎么能相信报纸呢？报纸上以前还天天说洋快餐质量高呢，你现在敢去吗？关于买基金，过去有很多说法，‘不要选时’就是其中之一。其实我觉得那都是‘谎言’，或者说是教条主义的错误。”

“为什么呢？”这回连小君也忘了再生小波的气了，最近她刚刚开始对买基金有点兴趣呢。

“你们要知道，在过去十年，股票基金收益率达到了三倍，也就是说年复合增长率达到了 15%。那为什么我们大部分基民都感觉没有赚到那么多钱呢？那就是因为‘没有选时’，你买基金的‘点‘不对。我做了一个统计，过去你是在 5000 点买股票基金，那只有一成半的基金能赚钱，就看你运气好不好能买到这一成半的基金了，如果是在 4000 点成本买股票基金，那么六成以上的基金能赚钱，而如果你的成本是 2000 点，所有的基金都是赚钱的。”

“我懂了，买基金还是要挑好时机的。那你觉得什么时候才是好时机呢？”小波是个好学生。

“2000 点的时候就比 5000 点的时候是个更好的时机吧？笼统一点说，当一个市场上看空或者悲观的人占到主流了，没人谈论也没人关心股市的时候，可能就是机会来了。相反，要是你身边每个人都在谈论股票的时候，或许你就要提高警惕了！”

“对啊！我就是在餐厅里每桌客人都在谈论股票的时候买的基金，现在好后悔啊！”一个带着哭腔的声音突然在三人的头顶响起。

呃……三人一齐抬头，这才发现一位端着餐盘的服务员已经在他们的餐桌旁站了很久了。

“喂！我的冰淇淋！”小君注意到餐盘里快要化成一摊水的冰淇

淋，不满地看着服务员。

“哎呀我听这位美女的话听入神了，不好意思！”服务员一边道歉，一边把餐盘放到了小君的面前。自己却没有离开，反而一步迈到 MsC 身边，躬身下去问：“你说买基金还有什么谎言？”

“还有第二个谎言就是‘要坚持长期持有’，在这个瞬息万变的时代，还有什么东西是你长期持有的？”

“有啊有啊。银行房贷。”服务员愁眉苦脸地回答。

“呃……好吧，为了帮你早日还清房贷，你还是听我的吧！”

“最近几年中国的股票市场越来越呈现出结构化的特征，简单点说，就是大盘不涨，一些主题和行业却在涨。比如医药板块，从 2010 年以来，连续 5 年高于 A 股平均收益率。最近很火的军工板块，2015 年 5 月单月涨幅超过了 30%。而现在的基金产品，也已经到了细分化主题投资的阶段，很多基金的名字就直接告诉了你这只基金投资的主题，比如，汇丰晋信科技先锋基金，一听名字就知道这是一支主要投资科技主题的基金。作为投资者，你在某个阶段看好某个主题，那就可以选择相应的主题型基金。如果你每次都判断得准的话，收益率一定好过你死抱住一个基金。”

“你说得倒是挺好，但是要想选对最适合每个阶段的基金哪有那么容易，选主题正好选反了，创业板涨的时候买了蓝筹基金，等市场风向变了，蓝筹股涨了又恰好换成了成长主题的基金，那不是更要亏钱？”服务员简直要哭出来了，因为他说的就是自己的经历。

“嗯……那倒是，我指的是对于有一定的专业能力的人，就可以根据自己的判断选择主题基金，如果没什么能力，那就还是老老实实选好一只基金长期持有咯！”

服务员正要继续发问，冷不丁对面的小君冲着他晃了晃手里的勺子："服务员，我还要再来个冰淇淋！"

"唉，这位小姐还真是……你尽管吃吧，反正都这么胖了。"服务员悻悻然地抛了句话溜走了。

"duang……"小君的勺子掉在了桌子上……

第十章

基金排名也“整容”

这些天，小波，对，不是小君，是小波迷上了韩剧，整天缩在沙发里捧着个平板电脑看得如痴如醉，边看还边自言自语：“太美了，实在太美了，真是女神啊！”

小君探过头去看了一眼屏幕，顿时震惊了：“小波，你居然也在看韩剧啊？！”

小波白了她一眼：“不可以啊？你看你的男神，天天对着电视里的‘都敏俊’流口水，我看我的女神还不行么？我告诉你，我还做了个韩国美女排行榜，你看！”小波从电脑里调出一个文件打开，指着第一个美女图片说，“这位美女，现在是我的 Number one！头号女神！”

“哼，什么美女排行榜，你这个 Number one，我要你看看她两年前的照片……”小君抢过小波的电脑，飞快地用照片处理器修了一下小波的图片，屏幕上的美女瞬间变成了圆脸龅牙妹，“嘿嘿，两年前她可能是这个样子的！”

“啊？怎么会这样？”小波吓了一跳。

“你不知道韩国美女一半都是整过容的吗？今年看起来是美人，去年那叫长得雷人，你这排名，每年都要变，一点用都没有！”小君对小波的“美女排行榜”嗤之以鼻。

“我再也不相信韩国有美女啦！”小波简直要哭出来了，他沮丧地删着自己电脑里保存的美女图片。

你不信就对了，你只要相信我是美女就好……小君在一旁抿嘴偷笑。

“咳咳……小波，你别研究什么美女排名了，我们还是研究下基金业绩的排名吧！”见小波还是一副失神的样子，小君连忙推了推他，试图转移话题。

“让我哭一会儿，你找 MsC 去！”小波无精打采地挥了挥手，他还在痛心他的女神从“神坛”上跌下来了呢。

小君只好自己一个人出门去了 MsC 那里。

“咦？就你一个人？小波还在家里研究他的美女排行榜？”MsC 往小君身后看了看。

“哼！我迟早要让他知道，别老是惦记着什么排名第一的美女！”小君气呼呼地坐了下来，从包里抽出一张写得密密麻麻的纸递给 MsC，“我在研究基金业绩的排行榜，一定要找到一只最好的基金，到那时候小波就会明白了，会赚钱的我才是最适合他的嘛！”

小君指着纸上的数据对 MsC 说：“这是 2014 年的股票型基金业绩排行榜，你看，这几个基金的排名都在前十，说明它们是基金中的战斗机啊，我就买它们怎么样？ 2014 年它们的收益率都在 60% 以上，2015 年说不定更高呢！”

MsC 摇了摇头：“基金业绩的排名啊，就和小波的韩国美女排名一样，每一年都大不一样。去年排名前十的基金，今年可不一定还在前十哦。”

“啊？为什么？基金业绩还像韩国美女一样，整过容会变脸的啊？”小君吃了一惊。

“基金的业绩其实很难持续，这在国内外都是一个基本的行业特征。大部分业绩突出的基金往往包含着一些激进的因子，比如更敢于押宝在某个热门行业或者某几只热门股上，这样的操作策略注定了有‘赌博’的成分存在。既然是‘赌博’，就会有运气好的时候，也会有运气差的时候，不可能年年撞大运年年排第一。”

MsC说着，把小君拉到电脑面前，打开一份表格文件给小君看：“根据万得资讯的数据我算了算，你看，2011到2013年的3年里面，成立满三年的股票型基金一共是235只，而这235只基金中能连续三年排名前50%的只有28只，其他大多数基金的业绩都是随着时间的推移而起起伏伏。”

“也就是说三年中88%的基金业绩都整过容变过脸？”小君不禁联想起刚才自己把小波的美女图变丑的画面。

“有的基金还是整容彻底失败的那一类呢！”MsC指着屏幕上的数据说，“你看，2013年排名第四的这只基金，它在2012年的排名才是第193名。2012年在股票型基金中排名第三的基金，在2013排名一下子掉到了198名。”

“唉呀妈呀，这不是惊天大逆转吗！”小君吓了一跳。

“所以呀，从投资策略上来看，投资上一年排名靠前的基金并不能保证下一年也能获得好的回报。”MsC冷静地关掉了文件，转过头对小君说。

小君转了转眼珠：“那……我反其道而行之，买那些上一年排名落后的基金，下一年它说不定就逆转成前三了呢？”

“你呀，又要小聪明！”MsC敲了敲小君的额头，“告诉你吧，业绩较好的基金下一年不能保证有同样的好业绩；同样的，那些业绩落后的基金，在下一年也未必就能翻身。”

“哦……买排名太好的也不行，排名差的也不行，那你说该怎么才能挑到一只好基金嘛？”小君开始烦躁起来。

“别急啊！华尔街有一条流传很久的定理：如果一只基金的排名能一直保持在前三分之一的位置，那么，它就是适合你的基金！市场充满了变数，投资者不能贪图每年都能买到排名非常靠前的基金，找到一只能够持续表现稳定的基金，长期持有下来，你的收益也不会低哦。”

MsC 拿过小君手里的那张纸，指着一行数据说：“你比如说这只基金，汇丰晋科技先锋基金，在你的这个晨星业绩排行榜里，截至 2015 年五月底，它过去一年在 634 只股票型基金中排名第 47 名，过去两年在 548 只股票型基金中排名是第 70 位，过去三年也排在前四分之一，你要是在它 2011 年 7 月成立的时候就买了它的话，到现在你每年的收益率平均为 37%，还不错吧？”

“我明白了！不能贪图找到一只永远第一的基金，那是根本不可能的事情。”小君突然拉着 MsC 转到了穿衣镜面前，“最值得拥有的基金，可能就像我这样！”

“什么意思？”

“就像我这样啊，并非倾国倾城，相貌中游偏上；偶尔有点变化，总体性格稳健，可以和小波……长久牵手！”小君得意洋洋地对着镜子里的自己说。

“阿……嚏！”坐在自己房间里的小波突然打了个喷嚏。

“什么嘛！明明应该是：并非倾国倾城，相貌中游偏下，可能偶尔稳健，但总体性格变化。和我长久牵手，那就像我左手牵右手……”

第十一章

每月的那几天，女神怎么投资

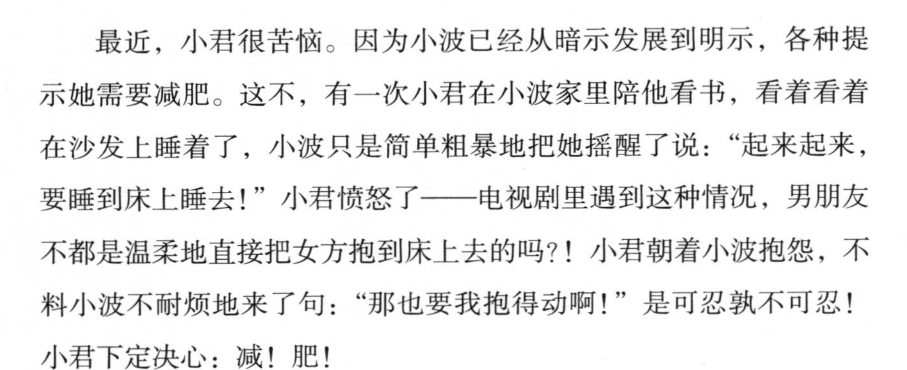

最近，小君很苦恼。因为小波已经从暗示发展到明示，各种提示她需要减肥。这不，有一次小君在小波家里陪他看书，看着看着在沙发上睡着了，小波只是简单粗暴地把她摇醒了说：“起来起来，要睡到床上睡去！”小君愤怒了——电视剧里遇到这种情况，男朋友不都是温柔地直接把女方抱到床上去的吗?！小君朝着小波抱怨，不料小波不耐烦地来了句：“那也要我抱得动啊！”是可忍孰不可忍！小君下定决心：减！肥！

可是……这都好多天了，为什么……越减越肥?！

这天，小君和小波约了 MsC 在咖啡馆见面，小君决定向自己这位模特身材的闺蜜好好请教下减肥的秘诀。

小君和小波一走进咖啡馆，就看到了 MsC。面容姣美、气质娴雅……即便只是随性地倚窗独坐，就已经是一幅美丽的画。小君很是羡慕地走了过去。

“MsC，我们来啦！”

“哟，什么风把你们给吹来啦?”MsC 抬起头来，打量了下小君，抿嘴一笑：“哦，不对，小君，我应该说，多大的风把你给吹来了啊?”

“哼，连你也嘲笑我！最近我已经开始运动减肥啦！”小君噘着嘴坐了下来。

“是吗？那怎么觉得你一点儿也没瘦啊？”MsC 再次仔细地扫描了下小君的脸。

“哼，就她每周运动一次的频率，怎么可能变瘦？”小波开始“告状”。

“一次？！小君，你是开玩笑吧！”MsC 很不屑，“像我这样的身材，还需要每周运动三次才能保持。就你这样子，起码要每周五次好吗？”

“就是嘛，运动的频率可是因人而异的，像我，每个月去运动一次，一样能练出腹肌！”小波信心满满地说。

这下小君和 MsC 都惊讶了，异口同声地问：“你有腹肌？！”

“有啊，一整块……”看着两位女生诧异的眼神，小波顿时心虚了。

“切……”

这时，小君放在桌上的手机响了一声，提示有短信进来。

“哦，是基金公司通知我定投的基金扣款成功啦！”小君拿起手机看了看说，“哦对了 MsC，现在很多银行的基金定投也是可以自己挑选频率的，那你说我是该每季度一次？每月一次？还是每两周一次呢？”

“对对对，基金定投看上去简单，但其实还是有很多不太明白的地方，正好你给我好好讲讲。”小波也问 MsC。

“所谓基金定投，你们应该都懂的啦，就是定期定额投资基金的简称，就是在固定的时间，比如每月 8 号，以固定的金额，比如 500 元，投资到指定的开放式基金中，这样你购买基金的资金就是分期投入的，投资的成本也比较平均，避免出现一次性买在最高点的情况。至于定投的频率，那就跟运动的频率一样，也是因人而异的。如果你在基金方面不是很懂、知识不全面的时候，那我就建议你选择 1 个月为周期进行定投，每月发工资之后投入你计划的金额，如果你觉得你对选时还比较有信心，那么在看好某个时间段觉得可以抄底的时候，你可以追加定投金额或者把定投频率改得更密集。”

“哦……那我就选一个月一次好了。”小君点头说。

“而且啊，还有一些细节需要注意。”MsC 继续说，“每月定投的具体时间尽量不要选择 1 日到 8 日，因为会碰到元旦、春节、五一、十一假期，这期间基金都是不能买的，要等到假期过后第一天才扣款，打乱了你原先设想的投资节奏，而且啊节日过后第一天股市常常都是涨的，基金净值也会比较高，你的投资成本就会比较高，不划算。还有就是，如果你定投了 2 到 3 只基金，你定投的扣款时间不要设在同一天，按每月天数平均分开，这样分散投资、降低成本的效果就更明显。”

“对哦，我就是定投了好几个基金，1 个股票基金、1 个混合基金、1 个债券基金，还有一个货币基金，怎么样，够分散了吧？”小君觉得自己很厉害。

“唉，小君，你又错了！”MsC 摇头叹息。

这下小君糊涂了：“我哪里错了？”

“嗨，这你都不懂？”小波在一旁得意地说，“货币基金不需要定投，因为货币基金的波动很小，定投并不会带来明显的成本分摊效果嘛。”

“小波说得对，其实呢，我们定投的目的本来就是抹平基金净值的高峰和低谷，取得一个相对较低的平均成本，所以呢，净值波动比较大的股票基金更值得定投。”MsC 进一步解释。

“MsC，你说的这些我都懂，我搞不明白的是，定投到底需要多长时间才算合适呢？”小波想到了一个问题。

“这个嘛，就跟运动一样，像小君那样三天打鱼两天晒网，怎么可能减得下来呢？”MsC 又拿小君的减肥来举例，“定投也是需要坚持的，一般来讲，三到五年效果才会比较明显。再说了，有的定投时间长了还有优惠，比如汇丰晋信的强定投，定投满三年可以免掉所有申购费，那不是很划算吗？”

“可是我看到我定投的基金亏损了，会觉得很不爽唉，都亏了还要继续买吗？”小君忍不住问。

“那要看是什么亏损了。如果市场上同类基金都是亏的，那说明是市场的问题，这个时候你就必须坚持定投，甚至可以考虑加大定投的频率；但是，如果就只是你定投的基金亏了，那你就要找找原因了，查一查你的基金排名是不是持续落后、基金的持股配置是不是和市场热点完全不匹配，还是基金经理换了，如果是这些原因，那你可能就要考虑更换定投的基金了。”

“我懂了，就是说定投要坚持，但并不是说一直盯住一只基金定投，还是要定期检查，该换的时候就换，该止损的时候就止损，绝不手软！”小君很有气势地挥了挥拳头。

“我说，定投你是懂了，那你是不是该去运动啦？没听刚才 MsC 说嘛，你要想减肥，一周要去运动五次！”小波白了小君一眼。

“能不能……等我先吃份牛排？”小君可怜巴巴地眨了眨眼睛。

MsC 终于明白小君瘦不下去的原因了……

第十二章

女人要被爱，钱要“被动”赚

这天，MsC 拉了小君去图书馆充电学习。MsC 借了本书专注地看着，小君却心不在焉地东张西望。

“MsC，看我们左手边那个位子！帅哥唉……我的男神……”小君捅了捅 MsC，兴奋地用手指头指指点点着。

MsC 抬头顺着小君手指的方向瞟了一眼，原来是一位穿着牛仔衬衫、五官还算清秀的男生，“就那位啊……能说帅吗？！”

“哼！你别得意！让我们比比看，看我们俩他先搭理谁！”小君被刺激到了，“我要主动出击！”

MsC 还没来得及回答，小君已经“噌”地站起身来朝那位牛仔男走了过去。MsC 只好无奈地在她身后说了句：“唉～去吧去吧，我只需要被动等待……”

“嗨……帅哥，你一个人吗？”小君走到牛仔男面前，指了指他对面空着的座位，扭捏地说：“我能坐在这里吗？”

牛仔男抬起头来，皱着眉头打量了下小君，非常勉强地点了点头。

小君扭头朝 MsC 挤了挤眼睛，得意地坐了下去。不料她刚一坐定，牛仔男就“啪”地合上了手里的书，冷冷地一点头：“对不起，我想换个位子。”然后飞快地起身朝 MsC 走去。

小君错愕地看着牛仔男走到了 MsC 面前，换了副殷勤的笑脸对 MsC 说：“这位美女，我看到你看的书和我一样，相信我们一定有共同兴趣，介意和我聊聊吗？”

“哦……不介意，您请坐吧！”MsC 同样感到惊讶，但也有点小得意，转头对小君调皮地挤了挤眼睛，还用口型无声地说了句：“看到了吗？被动比主动有效！”

“这也行?！哼！”小君恨恨地走回来，一屁股坐到了牛仔男边上。

牛仔男嫌弃地往里挪了挪，这才转头满脸堆笑地问 MsC：“美女啊，我看到你也在看指数基金的书，能不能跟我讲讲你的心得呢？”

MsC 这才注意到牛仔男手里的书和自己正在看的书是同一本，这也太巧了吧。看来也是爱理财的人，MsC 瞬间来了兴趣，“这个嘛，你算是问对人了。让我先来解释下什么叫指数基金。”

“先说说指数吧，现在市场上有上千只股票，那怎么知道整个市场到底是什么走势呢？于是专业机构就取出一揽子有代表性的股票，监控他们的平均涨跌幅来代表整个市场，比如上证 50 指数，是拿了沪市里规模大、流动性好的有代表性的 50 只股票来代表市场，比如浦发银行、包钢股份、民生银行等等都是上证 50 指数中的一分子，也就是上证 50 指数的成分股。而指数基金，就是专门跟踪某个指数的基金喽，把钱按照指数编制的那样，挨个买股票。比如上证 50 指数基金，就是拿基金的钱专门买上证 50 指数的这些成分股。”

小君听了很不以为然：“听上去指数基金操作起来很简单嘛，跟踪的指数里有啥股票它就买啥股票，基金经理完全就是被动操作，完全不需要动脑筋嘛！傻瓜都会的投资方法，能赚钱吗？”

“唉？你忘了我们刚才的比赛么？被动的方法虽然简单，但一样可以很有效。”MsC 瞅了小君一眼，“主动的方法如果本身就是不对的，越主动效果越差，你刚才不就是这样吗？”

“哦……”小君心虚地缩了回去。

牛仔男鄙夷地看了小君一眼，回过头来对 MsC 说：“我看到这本书里说，在成熟市场上，长期来看，指数基金能够战胜七成以上的主动型基金呢。而且，指数基金因为是被动操作，基金经理不需要费脑子选股票，干的活儿少，所以收的管理费也会比主动基金少呢。”

MsC 点点头：“对的。而且啊，买指数基金还有个好处就是比较透明。主动型的基金你都不知道基金经理每天买了些什么股票，而指数基金就不一样，你每天只要看指数的涨跌幅，就可以大概判断出你买的指数基金净值的涨跌幅，它们能保证你和相关指数的收益差距不超过 4%。”

“对对对，所以对于我这样擅长判断大势、但不擅长选个股的高手来讲，就特别适合投资指数基金。”牛仔男一副心有戚戚焉的样子。

小君讥笑地说：“高手？高手还坐在这里听我家 MsC 讲课？！”

“你！”

牛仔男恨恨地瞪着小君，小君也毫不示弱地瞪了回去。

“哎呀，你们还是听我来讲讲该怎么买指数基金吧。”MsC 最擅长转移话题，“在指数基金中，我会比较推荐 ETF 基金，因为交易起来非常方便，可以通过你的股票账户随时买入和抛出，像买卖股票一样，省去了到银行按基金净值买卖的麻烦。”

“咦？我记得你很早以前和我说过，ETF 是专业难度很高的投资品种，我们这种普通人，适合吗？”小君想起 MsC 以前的话。

“哦，我那说的是用 ETF 基金套利，就是当 ETF 在二级市场的交易价格和它在一级市场的基金份额净值不一样的时候，也就是有折价或者溢价了，那你就可以在一级市场和二级市场之间低买高卖，获取中间的差价，这就叫套利，不过这主要是专业的投资人玩的手段，我们普通人嘛，就把 ETF 当做普通的指数基金来参与就好啦……”

“美女……说了那么多，我们那么有共同语言，要不要一起吃个饭？”牛仔男突然插进来问，还冲着 MsC 抛了个媚眼。

原来这也就是个来搭讪的啊……

第十三章

买什么指数最赚钱

周末，MsC 本想在家睡个懒觉，可一大早就被小君的电话吵醒了。

“MsC 快来，有东西给你看！”小君在电话里卖起了关子。

到底是什么东西，这么神秘？MsC 不禁起了好奇心。于是她飞速赶到了约定的咖啡馆。

“这么一大早，到底想让我看什么呀？”MsC 好奇地问。

小君有点得意地说：“小波说他最近炒股赚了点钱，要买一辆新车送给我，还是运动款的！到底会是法拉利呢还是保时捷呢？真的好期待啊！”

不一会儿，小波就出现在了店门口。

“我来啦～～～”小波呼啸着冲到了小君的面前。

“我的车呢？”小君期待地问。

“瞧！”小波从身后变出一辆滑板车：“最新运动款！”

看到小波的礼物，小君瞬间失望透顶：“什么！这也算运动车！你赚了这么多钱就给我买辆滑板车？！有没有搞错！”

小波看到小君生气了，连忙解释：“我哪儿有赚很多钱。虽然最近上证指数涨了 2000 多点，可我总共才赚了 200 多块！”

小君一听更来气了："才200多块，你不会多买一点嘛?!"

"我已经是满仓操作了!"小波表示很无奈，"可谁知道满仓也会踏空啊。"

"谁说股市涨了就一定能赚钱?"MsC表示不屑："很多原因都会让你只赚指数不赚钱。最常见的就是由少数个股带动的'结构型牛市'。例如2014年4季度，沪深300指数虽然涨了38%，但跑赢指数的个股仅占A股总数的11.3%。在这种行情里面，不赚钱太正常了，赚钱的才是'非主流'。第二种原因，就是你不够耐心，买进卖出太过频繁。要知道，就算是在大牛市，也会有板块和个股的轮动。例如，2014年下半年，沪深300上涨了63.21%，而创业板只上涨了4.77%，看起来创业板表现十分弱势。但是从2014年7月1日到2015年5月31日，沪深300和创业板指数的涨幅分别为123.58%和152.21%，两者差距并不大。由此可见，如果你没赚钱，可能只是你的股票还没发力，这时候耐心持有就行了，因为在牛市里，赚钱基本只是时间问题。"

"难怪我卖什么什么就涨，原来炒股还有这么多学问。"小波恍然大悟。

"你竟然什么都不懂!"知道小波根本不会炒股之后，小君勃然大怒："什么都不懂你也敢炒股，有病吧!"

"我有病，你有药吗?"小波表示不服。

"小君没有，我有啊!"MsC说道，"上次我不是说起过指数基金吗?这就是药!"

"对啊!"小君一拍脑袋，"我忘记告诉小波了!"

"买一只能代表市场整体趋势的指数基金，例如沪深300指数基金，从2014年7月1日到2015年5月31日的近一年中，获取了

123% 的收益，轻松实现翻倍。这才真的是赚了指数又赚钱！”

“买指数也能赚钱?”小波被 MsC 报出的收益率惊到了：“早知道这样我就不用这么费力选股了。”

“快好好学学！这么方便的工具，你竟然不知道?”小君敲了敲小波的脑袋，十分不满。

“那投资指数基金，有什么诀窍和方法吗?”小波赶紧追问，他可不想再和自己的钱包过不去。

“投资指数基金嘛，诀窍全在它的那些名字里，只要看懂了名字，就会买指数基金啦。”MsC 又给小波小君上起了理财课：“很多指数基金跟踪的指数是用市场来命名的，比如上证 180 就是投资上海市场的指数，深证成指就是投资深证市场的指数，沪深 300 和中证 500 都是投资全市场的指数。这样啊，看好哪个市场，直接买跟踪这个市场指数的指数基金就行了。比如，你通过上证综指指数基金、创业板指数基金、中小板指数基金等就可以直接投资上证、创业板、中小板等各类市场。正可谓想投什么，就买什么指数基金哦。”

“MsC，你刚才说的上证 180，沪深 300，这几个数字都是什么含义呢?”小君脑洞大开：“难道 180 就是‘要发动’?”

“小君，你想多啦～”MsC 打断了小君的胡思乱想：“指数后面的数字代表了这个指数含有多少只成分股。比如上证 180，就含有 180 只成分股。不过这个数字还有更深层次的含义。通常数字在 300 以上的，都是中小盘和成长股指数，比如中证 500 指数，上证 380 等。而数字是 300 或者 300 以下的，都是大盘蓝筹指数。最典型的就是沪深 300，其他比如上证 180，上证 50 等，也都是蓝筹指数哦。”

“我懂了！”小波立马现学现用：“如果大盘风格偏向蓝筹，我就买蓝筹指数；如果风格偏向创业板，就买成长指数，对吗？”

“完全正确！”MsC表扬小波说：“指数基金可是一种既方便又简单的投资工具，看好什么就买什么，以后再也不用担心自己错过牛市啦！”

“那……我看好的是某个行业呢？有跟踪行业的指数基金吗？”

“当然有！”MsC肯定地告诉他：“银行、环保、医疗、消费、军工……几乎所有行业都有指数和相应的指数基金。所以，如果你看好某一行业，但又不知道怎么选股，直接通过指数基金投资整个行业就是不错的选择。”

听了MsC的介绍，小波来兴趣了：“MsC，你看我现在该买什么指数基金呢？”

“你买环保指数基金吧。”小君假装严肃地回答小波。

“环保，未来环保股会涨吗？”小波关心地问。

“涨不涨我不知道。”小君憋住笑：“不过看你长的这么环保，我觉得你和环保股更配哟。”

“呃……”

第十四章

基金跌了，买还是卖

话说自从上一次 MsC 教会小波怎么买指数基金之后，小波就把自己的股票全卖了，一心一意投资指数基金。可俗话说得好，天有不测风云，人有旦夕祸福。小波的基金买了没几周，就遭遇股市调整，基金净值连续下跌。看着账户里的钱又少了，小波是吃不下饭、睡不着觉，天天想着怎么挽回损失。这天，还因为这个事情和小君争执了起来。

“卖卖卖！”小君态度能够十分坚定：“都亏成这样了你还拿着干吗，赶快给我割肉止损！再跌下去，你还准不准备娶我了？”

“买买买！”小波的态度和小君截然相反，他劝小君说：“已经这么低了还抛它干啥，现在正好趁机抄底，多买点，以后万一涨了，我就赚大了。”

“你做梦！”小君对小波的说法完全不屑，“你每次都说抄底，可抄到底了，下面还有地下室，抄到地下室了，下面还有地狱，而且地狱还有 18 层！你抄得完吗？！”

“做人嘛总还是要有梦想的，万一实现了呢？”小波也不肯放弃，继续劝说小君追加投资。

就这样，两人你一言我一语，完全互不相让，谁也说服不了谁。

“我们还是去问问 MsC 吧！”小君首先提议。对此，小波表示完全赞同。

第二天，他们把 MsC 请到了饭桌上。

“无事献殷勤……”MsC 一眼就看穿了两人的心思，“说吧，到底有什么事呀？”

“还不是因为小波，基金亏了还死扛着。”小君白了一眼小波，“MsC 你倒是说说，像小波这样基金跌了，到底该买，还是该抛呢？”

MsC 想了想，回答小君：“要我说，单纯买和卖都有问题。正所谓低抛未必可取，抄底也要谨慎！”

听到这个模棱两可的答案，两人一头雾水。看着两人疑惑地目光，MsC 赶忙解释：“基金跌了，到底该抄底还是该抛售，首先取决于你买的是不是一只好基金。通常来说，如果你买的这只基金，历史排名始终稳定在同类基金的前三分之一，说明这支基金有稳定而且出色的业绩表现。这时候，你不妨继续持有。如果排名经常处于同类基金的后四分之一，这只基金本身就不太值得继续投资，所以抛售或许是个更好的选择。”

小君听了仍有疑问：“只要是好基金，就能抄底吗？”

“那也不是哦，抄底还要看时机！”MsC 继续解释：“比如，当沪深 300 指数的市盈率超过 35 倍，也就是偏离历史平均水平一个标准差以上的时候，你就要谨慎了。这时候市场已经处于高点，继续调整的可能性较大，抄底容易抄在半山腰。但反之，如果市盈率跌破 15 倍，也就是处于历史平均水平以下的时候，调整说不定就是加仓的机会哦。”

“听到没！”听了 MsC 的解释，小波又神气了起来：“我选的基金历史排名肯定在三分之一以上，而且现在沪深300的市盈率才20倍，可以抄底。”

但小君并不服气：“可是你会抄底吗？当年股市从6000多点跌下来，结果有不少人在4000点抄了底，最后整整套了7年！你做好套7年的准备了吗？”

小君一席话显然把小波吓到了：“真会套7年吗？”小波赶紧向MsC咨询。

“7年不7年我不能确定，不过，只要你采用了正确的抄底方法，就算真的跌7年也不用怕。”MsC安慰他说。

听到有可以放心抄底的方法，小波显然来了精神：“什么方法，快告诉我吧。”

“很简单，就是通过基金定投的方式去抄底。”MsC这样解释：“举个例子，假如你从2008年5300多点开始定投沪深300指数，一直投到2014年12月。小波，你觉得你能赚多少呢？”

“赚了吗？我怎么觉得还是亏的？”小波显然不太理解。

“这你可错了！正确的结果是，在整整7年中，虽然指数下跌了1805点，但你却能赚33.39%！”

“啊？指数跌了还能赚钱？”这回轮到小君惊讶了。

“当然可以。”MsC说道：“这是因为，虽然你的第一笔投资买在高位，但由于你越跌越买，整个投资的平均成本并不高，只有约2800点。所以，当指数反弹到2014年12月份的3500点的时候，你自然能赚钱啦。因为指数已经比你的平均成本高多了。所以，如果你的基金跌了，而且你判断未来还会持续下跌，那么基金定投就是一种很不错的抄底手段呢！”

“原来是这个原理。”小波总算弄懂了，“对了小君，你不是常常说我在走下坡路吗？要不，你也来定投我吧，可以抄底。”

面对小波的挑衅，小君毫不客气地回应道：“没问题啊！从下个月起，你的工资卡没收，每个月只给500零花钱！亲爱的，如果你以后表现好，我会追加定投的哦！”

原来男朋友也能定投啊……MsC觉得不是她在教育小君小波，而是小波小君教育了她。

第十五章

怎么买基金最省钱

自从小君开始“定投”小波之后，小波的生活算是开启了“省钱模式”，不但吃的、穿的、用的都挑最便宜的打折商品，聊起天来也三句不离“省钱”两字。

这天，小波约了小君一起去看电影，可看着看着，上下眼皮就开始不停地打架。

“真困啊～”小波不自觉地闭上了双眼。

“小波！”

听到小君的喊声，小波一下子醒了。突然，他发现自己不在电影院里，而是躺在自己家里的沙发上。小君站在一边，手里还提了个大大的箱子。

“小波，这些钱给你做投资吧。”小君把箱子递了过来。

小波打开一看，哇塞，满满当当都是人民币：“发财了！”小波不禁兴奋地喊出来。

“小波～亲爱的～”

突然，MsC 出现在了小波身边，脸上带着妩媚的笑容。

“什么情况，怎么今天女神突然对我示好了？”小波暗暗想到。

这时，小君也站了过来，一把拉住了小波：“小波，我才是你的原配！”

两个女生对小波左拉右拽，小波顿时犯了选择困难症：“选谁呢……这样吧，你们来一个公平竞赛，谁赢了，我就跟谁。”

“好！”小君和MsC同时回答。

“那么第一题，我这箱钱，应该用来干吗呢？”小波问道。

“理财啊！”两人又是异口同声。

“怎么理财呢？”小波继续问。

“买基金啊！”两人依旧同时回答。

“看来得来点儿有难度的问题。”小波这样想着，随后问道：“那怎么买基金才最省钱呢？”

双姝顿时陷入了思考，不过只一会儿，小君就把手举了起来：“我先说，我先说。买基金想省钱，你首先得选对地方！”

“那我该选什么地方呢？”小波继续追问。

小君回答说：“想便宜，你首先得选对渠道。告诉你，买基金就要去网上买。网上买基金很多时候是有费率折扣的。比如有些网上银行，申购费4—8折；证券公司网上交易，申购费也是4—8折；第三方基金销售网站，申购费只要4折；最便宜的还是基金公司网上直销，申购费4折起，1折我都见过，简直是没有最低，只有更低！”

“有道理，有道理。”小波连连称赞：“1折、4折，听着就好省钱。”

“慢着！选对地方就一定能便宜了吗？我看不见得。”MsC显然不服气，“小波，除了选对渠道，你还得选对基金。”

“那我该选什么基金呢？”小波表示疑惑不解。

MsC继续说：“股票型基金申购费1.5%，赎回费0.5%，一进一出2%就没了！要知道，现在银行存款利率一年也才2.25%好不好。”

“这……这……这简直太贵啦！”小波几乎跳了起来：“有办法省吗？”

“当然有啊！”MsC回答地不紧不慢：“想省钱，你得选收费模式啊！如果想快进快出，你就选C类基金。C类基金不收申购费，只按日计提销售服务费，赎回费还能减免，简直是小额资金短期投资的利器。比如，你在2个月前买的汇丰晋信双核策略A基金，现在抛售总共要付2%的申购赎回成本。可如果当初选择了双核策略C类基金，如今只需要付0.2%的赎回费和0.083%的销售服务费，总共0.3%都不到，差了整整6倍啊！

以汇丰晋信双核策略基金为例，对于投资金额相对较小（低于500万）以及持有时间相对较短（少于2.64年）的投资人来说，选择C类收费模式会较为划算，详见下表：

认购金额（万）	费用情况
X ＜ 50	低于965天，C类收费便宜；
50 ≤ X ＜ 100	低于822天，C类收费便宜；
100 ≤ X ＜ 500	低于536天，C类收费便宜；
X ≥ 500	A类收费便宜

注：上表计算结果的假设前提是：a）假设一年为365日　　b）假设客户全额赎回。

“6倍？”小波暗自后悔，早知道买C类该多好，“可如果我想与基金长相厮守，该怎么买才省钱呢？”小波继续追问。

MsC 回答道：“那你就得选后端收费基金。持有的时间越长，收费就越低！比如汇丰晋信 2026 基金的后端收费型，持有 4 年以上完全减免申购费，只需要付 0.5% 赎回费。交易费用瞬间下降 3/4。是不是也很省啊？”

“这两招不错，果然很省啊！”小波瞬间对 MsC 刮目相看了。

“省什么省？”小君有些不爽了：“你的基金分红方式选了吗？”

“基金分红？”

“如果你做长期投资，那么基金分红就一定要选红利再投资，这样基金分红时你得到的红利直接转成了基金份额，免掉了 1.5% 的申购费。反之，如果选了现金分红，如果你的红利再拿来买基金，申购费可是一分钱也不能少的！”小君这样警告小波。

“每个人都回答了两点，旗鼓相当嘛。我到底该选谁呢？”小波陷入了两难的境地。“要不，选漂亮的？”小波慢慢地朝 MsC 靠了过去。

“小波！”

伴随着小君的一声大吼，小波再次睁开了双眼。

“咦？怎么还在电影院？钱呢？”小波转过头，看见小君在一旁怒目而视。

“不是说好来陪我看电影的吗？怎么一个人睡着了？”小君非常不爽。

“好好好，我继续陪你看电影。”小波说道。

“原来只是一场梦啊……”小波心里想：“可惜没能和 MsC 女神在一起，不过……”

小波看了看身边的小君，心想：应该还是小君比较……省钱吧。

第十六章

换得了基金，才换得了情人

“生日快乐！”

这天，MsC和小波正一起给小君过生日。吹灭了蜡烛之后，MsC问小君有什么生日愿望。小君说：“我希望能有一个新的苹果！”说完，小君看了看小波。

“小君生日快乐！”小波祝贺她的同时，也送上了一份礼物：“这可是你梦寐以求的哦！”小波这样说道。

小君捧着这个四四方方的礼物盒子，心里充满期待：“里面会是苹果6呢，还是苹果6plus呢？”一边想着，小君一边拆开了盒子。

“真的是苹果啊！”小君掏出了一个鲜艳的红富士，心情瞬间跌倒谷底：“我不要！我要换男朋友！”小君把苹果往旁边一放，和小波赌起气来。

“我也没有办法呀。”小波两手一摊：“你每个月只定投我500块钱，我哪有钱买iPhone6啊。有个苹果就不错了。”

“狡辩，都是狡辩！”小君恨恨地嚷嚷着，把头一扭，不理小波了。

说来也巧，隔壁桌的一对情侣也在过生日，小君一扭头，恰好看见了浪漫的一幕。

“亲爱的，生日快乐，这是我送你的礼物！”隔壁桌的帅哥掏出了一枚大钻戒，戴在了女朋友的手上， BlingBling 的钻戒快要把小君的眼睛闪瞎了。

“好感人！”小君羡慕极了，再回头看看小波的苹果，她越想越气，情不自禁跑到了隔壁桌：“帅哥，你想换女朋友吗？你看我怎么样？”

隔壁桌的帅哥被突然冒出来的小君吓了一跳，说话都不利索了：“不……不换！坚决不换！这年头，换什么都贵。我为了这个女朋友，已经用了 7 年时间，耗尽全部积蓄了，再换一个从头谈起，岂不是要倾家荡产？”

“又费时间，又费钱，这情况怎么这么熟悉？”小波听了隔壁桌的自白，顿时产生了共鸣。

“你是在说我浪费你的时间和钱吗？”小君正怏怏地走回来，恰好听到小波的话，更生气了。

“不是不是。”小波赶紧解释：“我是想起了我前几天基金调仓，先赎回再申购，来回花了将近一周时间，错过了市场的大好机会。而且还被扣了赎回费和申购费，差不多又是 2%，亏死了！”

“哼！谅你也不敢嫌弃我。”小君说道：“你再气我，我就把你换掉！不过，有没有既不花时间，又不花钱的换男友方式呢？”

“对啊。”小波表示强烈同意：“有没有什么不花时间，又不花钱的换基金方式呢？”

“男友我不知道，基金绝对有哦！”又轮到 MsC 出场了。

“怎么换？”小波和小君同时问道。

“很简单，就是做‘基金转换’，又快，又省。”MsC 耐心为两位进行着解释：“先说快，假如我准备在市场中抄底，可通常赎回需要 2—5 天资金才能到账。而此时的行情，很有可能已经改变。到时候万一抄底变成了买套，那就得不偿失了。但如果你选择基金转换，那么在转换的第二天，你就能开始享受基金投资收益了。你完全没有错过行情的担忧。”

“当天就能成交！竟然这么快？”小波有些不敢相信。

“说完快，我接着说省。”MsC 继续介绍：“基金转换可以为你省去一部分申购费。比如从申购费 1% 的债券基金转换到申购费 1.5% 的股票基金，你只需按费用较高的那支基金补齐 0.5% 的申购费差额即可。反之，如果你从股票基金转换到债券基金，那么连差额都不用交了，因为你已经按最高标准交过申购费了！同理可知，如果你在费用相同的股票基金之间转换，是完全不用再交费的。购买一次就能节省 1.5% 的申购费，10 次就有 15% 呢！”

“这么省钱？”小君也开始激动了。

“没错！”MsC 对小波说：“如果你早点使用基金转换，说不定给小君买钻戒的钱，早就赚出来了。”

“小波听到没！”小君责怪小波道：“你怎么没早点做基金转换？你欠我一个钻戒！”

面对小君的无理取闹，小波开始装聋作哑，只是继续盯着 MsC 讨教：“MsC，那怎么做基金转换呢？”

MsC 告诉小波：“也相当简单，去基金公司网站、银行、或者其他销售机构，进入交易界面，先选择你想转换的基金，再按‘转换’按钮，最后选择你想购买的基金，就 OK 啦。不过这里需要提醒，基金转换只针对同一家基金公司旗下的产品。不同公司的产品，是不能相互转换的。”

这时，小君凑了过来，把苹果递给小波，说：“小波，能不能帮我把这个红富士苹果，转换成 iPhone 苹果呀？”

小波和 MsC 同时对小君说道：“你想多了……”

第十七章

穿衣不搭无所谓，基金不搭你受罪

最近小君有些奇怪，不论 MsC 怎么约她，她都不再出来吃饭了。

“难道是在减肥？”MsC 这样想。不过回想一下小君的减肥纪录，似乎从来没有超过 1 个月的。这次难道会例外？算了，饭总要吃的，约不着小君，MsC 决定还是和小波聚一聚吧。

“最近小君在干嘛？”没想到饭桌上小波也问出了同样的问题，“我怎么约她她都不肯出来。”

“呃……可能在减肥吧。”MsC 也不是很确定。

两个人正聊着的时候，小君突然出现了。“哎哟～哎哟～饿死了！”小君一边嘴里哼哼着，一边扶着墙走了过来。“小波，MsC，看到你们真是太好了！”小君一屁股挤在 MsC 身边，对服务员说：“快给我来……一杯牛奶，两份意面，三块牛排，四个蛋糕，五盘水果，他们俩买单，快一点，我要饿死了。”

“小君你最近到底在干吗？节食也要有个度啊！”小波心疼地说：“你这是多少天没吃饭啦？”

“何止节食，我简直揭不开锅了！”小君向 MsC 诉苦说：“为了减肥，我把所有钱都买了一只股票基金，一块钱都没给自己留下。

只有这样，我才能不在外面大吃大喝。”

“你这就叫不作死就不会死。”MsC 批评小君说：“减肥哪有这样节食的，体重没少，身体先搞坏了！想科学减肥，必须控制饮食外加运动，只有增加身上的肌肉比例，提高人体基础代谢，才能真正的瘦下来。”

“那你的基金赚钱了吗？”小波除了关心小君，显然也很关心钱的问题。

“没赚，赔了！”小君有气无力地说：“我怎么这么倒霉！”

“这不叫倒霉，这叫不作就不会亏钱。”MsC 继续批评她说：“买基金，必须合理搭配，哪能所有钱都押在一只基金上，你以为是赌博啊。”

“不会嘛！你又没教过我。”小君噘着小嘴说：“MsC，那到底该怎么搭配呢？”

“基金搭配有几个大原则，首先要不同大类的基金合理搭配。股票基金主打进攻，债券基金主打防守，货币基金主打流动性。只有攻防兼备，才是合理的基金搭配。其次要根据自己的风险偏好和风险承受能力，构建基金组合。风险太高的话，你受不了也承担不起。最后则是购买股票基金时，尽量均衡配置不同板块，以分享整个市场上涨的收益。”

“呃……不太理解。”小君一脸茫然。

“没关系，我们一样一样来确定。”MsC 掏出一张白纸，开始在上面记录小君的各项资料。

“小君你几岁啦？”MsC 问道。

“人家今年才 18 啦～”小君害羞地回答。

“谁信啊……”小波在旁边翻白眼。

“首先，根据年龄原则，100 减去你的年龄，就是你配置股票基金的上限。那么 100 减去 26……”MsC 完全没理睬小君，“就是 74，所以你最多可以配置 74% 的股票基金。而现在你是全仓杀入，仓位太高啦！”

MsC 接着说，“接着来测一测你的风险偏好。小君，基金亏多少钱，你会觉得心痛呢？”

“亏多少钱？我想想。5% 毛毛雨，10% 很正常，15%……我觉得 20% 再往上我就受不了了。”小君回答。

MsC 在纸上记下数据，说：“这么看来，你的风险承受能力在 20% 左右，属于进取型投资者，不宜满仓股票基金。可以适当增加债券、货币基金等低风险基金的配置。否则，一旦市场发生大幅波动，小君你不是饿死，就是被吓死啦！”

“对对对！”小君附和 MsC 说：“我的基金一跌，我整个人都不好了，是应该少买一点。”

“接下来算算你的流动性偏好。”MsC 接着问，“小君，这笔钱你是不是 3 年以上都不会用呢？”

“当然要用！”小君赶忙回答，“我还等着明年买新款 iPhone 呢！”

“这样的话，你的股票基金投资比例就必须进一步降低。”MsC 分析说：“股票基金虽然长期来看都能跑赢市场，但是中短期的波动却无法预料。如果你 3 年以上不用钱，那么可以多配置一些股票基金，长期持有。但如果你 3 年以内就要用钱，那就应该均衡配置股票基金和债券基金，降低风险。如果你 1 年以内就要用钱，那就必须重仓债券基金和货币基金，减少组合的亏损。依我看，50%—70% 的股票基金，比较适合你的需求。”

“那么最后我可以买多少股票基金呢？”小君赶忙问。

MsC仔细看了看纸上的数据："按照年龄原则、风险偏好原则、投资期限原则，我建议你赶快把40%的仓位换成债券基金和货币基金，60%投资股票基金，这样的配置比较合理。"

"60%……"小君显然不太满意："这么点股票基金，怎么赚钱啊？"

"小君，你别老想着赚钱，股市可不是印钞机，哪能包赚不赔。要知道，赚钱诚可贵，风险价更高。"MsC继续教育小君："这里MsC再教你一个既能赚钱又能降低风险的方法，就是，多买几只不同风格的股票基金。例如买一只大盘蓝筹基金、再买一只创业板基金。研究显示，持有2—4只不同风格的基金，能够最大程度分散风险。所以小君，你不是买的分量少，是买的数量太少啦。"

"哦……"小君可怜兮兮地看着MsC："那我回去就去调仓，买点债券基金和货币基金，再买点其他的股票基金。"

"菜来咯！"服务员高喊一声，把小君的菜端了上来。

"怎么全是素的？"小君大声质问服务员："我点的肉呢？"

"我给换掉啦。"小波态度很强硬，"不吃不喝或者暴饮暴食，都对健康不利，饮食和基金一样，都要合理搭配才行。"

"小波说的很对。"MsC表示支持小波："小君你可得快点回到健康减肥和健康投资的道路上来啊。"

"好吧，我吃……"小君默默地说，不过心里却在想："还是让我安静地撑死吧……"

第十八章

赚钱基金的秘密都在这里

夏天，正是减肥的季节，可看着体重秤上的数字，小君实在高兴不起来。

“怎么又重了！现在不减肥，夏天徒伤悲。”MsC 这样劝小君。

“发生这种事，大家都不想的啦。”小君两手一摊，十分无奈：“最近小波天天找我吃饭，想不变胖都难！”

两人正说着，小波走了进来，径直走到了两人面前：“嗨～！你们两个都在太好了！我请你们吃饭吧！”

小波这个抠货竟然会如此热情地请别人吃饭，MsC 觉得太稀奇了：“小波你是发烧了……发疯了……还是发财了，怎么一下子这么土豪？”

“哎～你们不知道，这一个月，所有朋友全都离我而去，也只有你们还肯陪我吃饭了。”小波沮丧地说。

“你做了什么坏事了？别人这么恨你？”小君丝毫不顾小波的心情，继续挖苦说。

小波瞪了小君一眼，义正言辞地对她说：“我专门利人，从不利己，请叫我雷锋！”

做好事还能被人记恨？这简直太稀奇了，MsC 赶忙问：“那你都做了什么好事呢？”

“我呀专门给股市小白推荐股票，帮助他们赚钱。”小波自豪地说。

“这就难怪了！”MsC提醒小波：“给别人推荐股票，只有两种结果，如果你推荐对了，别人会让你继续推荐；要是你推荐错了，别人就会和你马！上！绝！交！所以归根结底，推荐股票的人没朋友！”

“这么惨！”小波吐了吐舌头：“难怪一个个都离我而去，小君，你千万别走啊！”

“其实我有一个主意。”难得出头的小君突然提出了一个建议：“你推荐股票的时候，直接把基金季报里的十大重仓股找出来不就行了。基金经理选的股，肯定牛！”

“你以为我没试过啊！”小波白了小君一眼：“我把基金的十大重仓股原封不动推荐给了朋友。”

“结果呢？”小君关心地问。

“结果那朋友再也没理过我……”小波叹了口气，对MsC抱怨说：“这些基金经理选的股票到底靠不靠谱？”

“如果股票不靠谱，偏股型基金怎么能在2015年1—5月份获得62.5%的平均收益呢？”MsC反问小波：“所以，不是基金有问题，是你打开的方式有问题。”

“有什么问题？”小波还是一头雾水。

“十大重仓股只是基金经理曾经看好的股票，未来可不一定继续看好。欲知后事如何……”MsC卖了个关子。

“怎么样？”小波和小君都关心地问。

“那还得这样分解。”MsC告诉小波和小君，其实基金季报里有用的不单单是十大重仓股，仓位、管理人报告等都是十分有用的信息。

“看季报，当然要看十大重仓股。不过不能光记股票代码，更要看这些重仓股的行业分布。对于基金投资者来说，从行业分布当中，你可以知道这只基金当前的操作风格。”MsC 打了一个比方：“比如一只基金十大重仓股里有九只都是互联网企业，那不管这只基金的名字叫什么，它都是一只偏成长风格的基金。如果基金风格和市场风格相互契合，这只基金就值得继续投资，反之则可以考虑暂时赎回。除此之外，你还可以从十大重仓股占整个基金股票资产的比例来了解这只基金的风险程度。如果十大重仓股占股票资产比例超过 50%，说明这只基金的持股集中度很高，基金业绩的波动性可能会比较大，反之，十大重仓股占比比较低，基金就比较稳健。这时，喜欢激进投资的就可以买前一种基金，而稳健的投资者可以买后一种。”

“我爱稳健，我选后一种！”小君立马向 MsC 表态。

“像你这样的基金投资者，我还建议你关注基金规模和基金相对比较基准的涨幅。”MsC 告诉小君：“对于基金来说，无论是规模太大还是太小，都不利于基金经理操作。通常中型规模的基金，最容易发挥基金经理的实力。另外，一只基金跑赢市场不算什么，只有跑赢自己的比较基准才是真的牛。比如一只创业板基金虽然跑赢沪深 300 指数，但如果跑输了创业板指数，那只能说明是市场太好，而不是基金经理太好。”

“这些都是说给基民听的，那我们股民有没有什么可以参考的指标呢？”小波心急地问 MsC。

“当然有啊，季报里有两个指标可以给股民指明方向。”MsC 给小波解释：“首先看基金季报里的基金仓位。”MsC说：“如果当季的仓位相比上一季大幅增加，就说明基金经理看好市场，你在股市里就可以继续做多。相反，如果仓位大幅下降，则说明基金经理对市场缺乏信心，这时你就得谨慎了。除此以外，股民还可以参考基金季报当中的‘管理人报告’。通过这份报告，投资者可以了解基金经理对后市的展望以及最新投资策略，了解他们未来的布局方向。如果基金经理一致看好某个行业，那么你可以重点关注下这个行业啦。”

“有道理！如果有这么多基金经理捧场，不涨也难呀。”小波兴奋地说：“我以后再也不担心没朋友了。”

“哼，你要再耽误我的减肥大计，我让你没女朋友！”小君狠狠地瞪了小波一眼。

“哦……”

第十九章

年末别忘投资也要体检

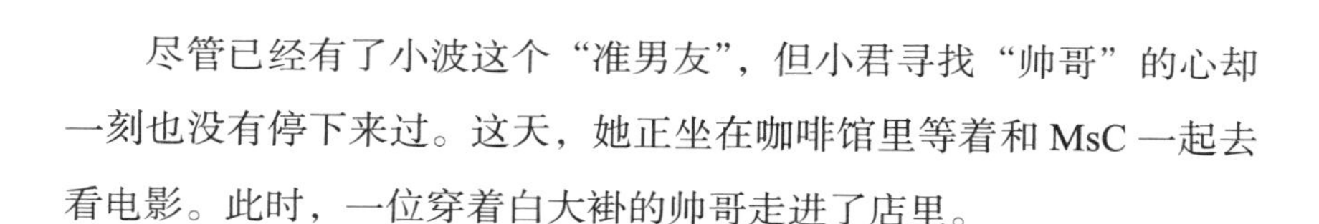

尽管已经有了小波这个“准男友”，但小君寻找“帅哥”的心却一刻也没有停下来过。这天，她正坐在咖啡馆里等着和MsC一起去看电影。此时，一位穿着白大褂的帅哥走进了店里。

“哇！制服诱惑啊！”小君一边欣赏着面前的帅哥，一边擦着嘴边的口水：“要是我也有这么帅的一个男朋友该多好？”正想着，这位帅哥竟然径直朝着小君走了过来。

“美女！我能坐这里吗？”帅哥深情款款地和小君打了个招呼。

“当……当然可以。”小君心中的小鹿显然已经把小波撞到了九霄云外，眼睛里只剩下了帅哥。

“美女。”帅哥那一双眼睛向小君放着电：“你长得……可真像我死去得前女友。”

这句话一出来，小君像被泼了盆冷水一样，瞬间清醒了。“什么？你会不会聊天啊！”小君一句话把对方顶了回去：“你才长得像车祸现场呢！”

帅哥丝毫不为小君的怒火所动，继续自顾自说道：“唉，你不知道，我的前女友死得可惨了。”一边说着，一边还抹了抹眼泪。

“怎么死的呀？”小君心里的火一下子被对方的那几滴眼泪浇灭

了，不由地递过去了一包纸巾。

“病死的……唉，等她发现不舒服的时候，一去医院就发现已经是癌症晚期了……”帅哥说着说着，突然很严肃地直视着小君，说：“所以，定期体检很重要！小姐，这里有好多款体检套餐，你想要哪一种啊？”边说边把几张广告单页递了过去。

“靠！原来是推销体检的啊！”小君突然发现，原来自己的感情完全被欺骗了，瞬间火气就又上来了：“我这么棒的身体，不需要检查！”

“需要啊！你看，你这么胖，一定需要好好查查有没有高血糖、高血压、高血脂什么的。喏，这个套餐就很适合你。”帅哥一边指着单页上的检查项目，一边和小君说。

小君瞄了一眼，一下子喊了出来：“9800？这么贵？这是什么？还要查前列腺？有没有搞错，我需要做这个吗？”

“这也难说。”帅哥上下打量了一番小君，“万一……万一是人妖呢……”

小君这回彻底怒了！真想把咖啡泼到这个医托身上！正想着，MsC 出现在了身旁。

“小君你怎么啦？”MsC 瞧了一眼小君面前的广告单页：“你还需要检查前列腺？”

小君刚想把事情的来龙去脉说给 MsC 听，一旁的帅哥倒抢先发话了：“这位美女，你长得很像我死去的女朋友……”

“你到底有几个女朋友！”小君赶紧揭开他的真面目。

“这谁啊？”MsC 问。

“就是一个江湖骗子，推销体检套餐的。”小君气愤地对 MsC 说：“喏，他正给我推销体检项目呢。”

“前列腺你就别查了。”MsC 把面前的广告统统递还给了那个帅哥：“不过，定期体检还是很有必要的。”MsC 继续给小君解释：“通常来说，年纪轻的人每两年一次，三十岁以后那就要每年一次，老年人呢更要频繁些，最好每半年就体检一次。体检的项目也会因年龄而有所不同，比如对我们女生来说，三十岁以后每年都要检查妇科，四十岁以后就要每年查骨密度啦！”

“看到没，死骗子！”小君对着一边的帅哥大声说道：“就你这专业水平！这身白大褂可以脱掉啦！”

看到自己的生意被搅黄了，帅哥也十分生气：“我做体检的我不专业，难道她会专业？”

MsC 非常自信地反击：“专业不专业，这得看是什么体检。讲身体体检我或许不够专业，但是说到财务体检，我可是最专业的！你这身白大褂还是给我吧。”

“财务体检？”帅哥有些不明所以：“财务也需要体检吗？这种看不见摸不着的东西，怎么体检？”

“这就需要专业手段啦。”MsC 笑着回答他：“第一步：检查收支情况。算一算你今年全年的总收入和总支出，如果全年的节余，也就是总收入减去总支出的部分，占全年收入的比例大于 30%，那你的收支状况就是健康的，如果低于 30%，那你就要注意啦，明年可要想办法开源节流啦！”

“我看你推销技术这么差，赶快想办法节流吧，否则分分钟揭不开锅！”小君活学活用，一句话呛住了帅哥医托。

“第二步：检查投资收益率。”MsC 继续给小君提供弹药：“每一笔投资，你当初投入多少，现在值多少，可以很轻松地算出收益率。关键是要找一个合适的基准去比较这个收益率到底是好还是不好。

比如，你买了一只主动型管理的基金，虽然是赚钱的，可是收益率居然连沪深300指数都赶不上，那它其实还是不及格的哦。”

“像你这种推销，体检知识还没有我们MsC丰富，也是不及格的哦?”小君伶牙俐齿地讽刺着对面那位，眼见着他简直把牙都要咬碎了。

“别激动，还有第三步。”MsC接着说：“就是去芜存菁优胜劣汰！对投资收益赶不上基准的那些品种，你可能就需要考虑卖掉啦！而组合里面打败比较基准、收益率排名长期稳定在同类品种中前三分之一的，那就可以放心地继续持有。不过在调整组合的时候，你不能忘了你整体的资产配置比例。假如你当初为自己设定的是资产配置比例是股票70%，债券30%，而今年股票赚得多，股债比变成了85%比15%，那你就要考虑明年在债券上多投入一些，把投资组合拉回到原来的配置比率。”

“唉，幸好他的老板不会财务体检。”小君故作失望地对MsC说：“否则就他这种水准的资产，早就被‘去芜存菁’了。”接着小君挽起MsC的胳膊：“走，我们看电影去，看完电影我要回家好好做个投资体检。”说完，就和MsC一起笑着走出了咖啡厅，留下了帅哥孤零零一个人坐在那里。

“还好她们走了。”帅哥抚着胸喃喃自语：“再多聊一会儿，只怕我也要去医院检查一下了……”

第二十章

女人如何选老公

周末。MsC 和小君又泡在咖啡馆里。MsC 捧着一本书静静地看着，小君则抱着 iPad 在追电视剧。可是看着看着，小君突然心不在焉起来，还不停地唉声叹气。

MsC 奇怪地问小君："你有点儿不对劲啊，怎么了啊？"

小君放下 iPad，啃了半天手指才吞吞吐吐地说："我……你不知道，小波向我求婚了呢！"

"那不是好事吗？你们俩也谈了很久了，是时候谈婚论嫁了！"MsC 很为闺蜜高兴。

"可是……谈恋爱是一回事，找老公是另一回事嘛！"小君难得认真一回，"MsC，你说我们女人，到底该怎样找老公啊？"

"唔……这个问题好深沉……"

"哎呀 MsC，你成天跟我讲理财讲投资，你不觉得挑老公实际上和投资是一样的吗？找对了老公，那你就赚了，要是找错了呢，那可就被深度套牢了！所以啊，你赶紧用投资的方法来跟我分析下怎样找老公啊？"小君有点着急。

"别急嘛，让我们先来看看找老公的成功典范，学习下人家的成功经验！"MsC 想了想，眼睛一亮，"有了，你就看你追的电视剧！"

“什么嘛?!”小君低头看自己的 iPad，里面还在播着前段时间很红的电视剧《何以笙箫默》。

“你看，默笙先后嫁了两个老公吧？她在第一次看到应晖这个名字的时候，应晖还是穷得要登报纸求援的留学生，她只是看了应晖的背景就断定这人有前途，慷慨解囊，最后，人家应晖创业成功，成了上市公司的大老板。你说她是不是挑老公成功的典范?”

“好好的情感剧，怎么被你解读成这样?!”小君哭笑不得。

“那我不管，反正从结果来看，默笙挑老公很成功，她用的就是‘成长投资’的方法。”MsC 撇了撇嘴，她对这种情感剧本来就不感冒。

“什么叫‘成长投资’啊?”

“成长投资是投资策略的一种，就是挑选具有高度成长潜力的公司进行投资。我们一般是用盈利能力来衡量一家公司的成长性，比如公司的营业收入增长率、净利润增长率等等。好的成长公司通常在过去几年每年的营业收入、净利润都保持了很高的增长，并且这种增长速度在未来依然能够维持下去。这些公司要么拥有高竞争壁垒、很难被竞争对手超越；要么行业市场规模比较大；要么产品的需求持续正增长，总之未来成长潜力无限就对了。”

小君马上举一反三：“你的意思是挑老公就跟买股票一样，重要的是他未来的成长潜力。比如说一个男生虽然现在没什么钱，但如果他学历高、情商高、又懂理财，那他未来成功的概率就会很高，就是‘成长股’!”

“小君，你领悟得很快嘛!”MsC 笑着对小君比了个“赞”。

小君傲娇地点点头，但很快又觉得哪里不对：“可是……这种成长投资的方法风险很高啊。万一我觉得他是未来的大牛股，可是他却是垃圾股，那我可不是被套牢了吗?”

“那是，成长投资最大的风险就是‘伪成长’，比如说企业利润的增长不是靠自身业务的发展，而是并购；或者企业的报表是包装过的，利润有水分。这些情况就需要考验投资人的专业性和敏锐的眼光了。找老公也一样，需要你擦亮眼睛，鉴别真成长和‘伪成长’。”

小君皱起了眉头：“MsC，这可太难了，找老公可不像买股票，真的套牢了想解套可不是那么容易的呢！我觉得这种成长投资的方法不适合我，还有别的方法吗？”

MsC 笑了：“赵默笙不是还找了另一个相当成功的老公吗？”

“何以琛？”

“对啊！她可是借鉴了投资上的另一种方法，叫做‘价值投资’。”

“这又怎么讲？”

“所谓价值投资，是一种常见的投资方式，专门寻找价格低估的证券。价值投资人认为，股票价格总是围绕‘内在价值’上下波动，当股票价格低于内在价值时，就出现了投资机会。打个比方，价值投资就是拿五毛钱买了价值一元钱的东西。股神巴菲特就是价值投资最著名的代表。价值投资主要看市盈率、市净率这些指标，如果企业的这些指标处于自身的历史低位，或者比同行低，就说明他们被低估了。”

“这跟找老公有半毛钱关系没？”小君越听越不耐烦。

“有关系啊！你看何以琛还在学校就开始在律所打工了，而且很明显非常受器重，他的价值只是一时半会儿被低估了而已，赵默笙不就敏锐地发现了这一点吗？所以早早地就锁定了人家，在他‘最便宜’的时候就买断啦！”

“呃……好好的一部剧，被你分析得我都不想看啦！”小君不满地嘀咕着。

“总之呢，价值投资和成长投资，这两种投资方法其实并不存在谁优谁劣的问题，关键是根据个人的成长经历、知识结构、性格特征等选择适合自己的投资风格和投资方法。在挑老公上也是一样的，也看你自己愿意用哪种方法。”

“我明白了！如果我是价值型投资者，我挑老公的时候就要更多关注他现在的工作情况、财务状况是否良好，如果他还有隐性的收入别人都不知道，那我可就找到低估的蓝筹股了；如果我是成长型投资者，我挑老公的时候更多地是关注他未来的成长潜力，即便他现在是个穷小子，如果他有一些特别的本领，那说不定就是未来会大牛的‘成长股’。对吧 MsC？”

“你说得不错！不过……你到底想好了没，愿意挑小波做老公吗？”

“无论用哪种方法分析，我觉得他既不是成长股也不是价值股啊！”小君哭丧着脸。

“哈哈哈……”这话把 MsC 逗乐了。好一会儿，她才止住笑声，很认真地对小君说：“不管你哪一种投资方法来选老公，我都有一个忠告：做好投资组合，不要把所有的资源都投资在‘老公’这一个项目上。我们女人往往喜欢把所有的宝都押在‘找老公’这一件事情上，从投资理财的角度上看，风险实在是太大了，所以啊，平时还要把自身的资源投资到其他方面，包括自己的事业、爱好、朋友、亲人，还有稳定的理财收入，以免投资男人失败就一无所有、一败涂地啊！”

这番话，小君真心记到心里去了……

辣妈C篇

嗨~我是辣妈MsC！人生进入上有老下有小的阶段，其实更要有一份独立的经济能力。新时代的辣妈，不做依附于他人的藤蔓，而是自己就会生根发芽开出美丽的花！

第一章

管好老公的钱包

“嘭嘭嘭……”

一大早，MsC 就被震天响的敲门声给惊醒了。

“谁啊？这么心急，连门铃都懒得按了！”MsC 一边嘟囔着，一边披了件外套去开门。

“MsC，你来给我评评理！”门一开，哭丧着脸的小君就拽着小波走了进来。

“你们这是怎么了？这不才结婚没多久，就吵架啦？”MsC 一看两人的脸色，就对他们的来意猜了个八九不离十——肯定是来找自己做“调解员”的！

“MsC，你说在一个家里，财政大权该不该老婆说了算？”小君甩开小波的手，气呼呼地指着小波说，“你说你一天到晚二十四个小时，刨去陪领导的时间，再刨去陪狐朋狗友的时间，还有时间和精力花在理财上吗？你们男人又都好面子，花钱如流水，今天送包烟，明天买瓶酒，后天请顿饭，到了月底连手机都快要欠费停机了，更别提什么理财计划啦！让男人管钱，那绝对会导致婚姻失败！”

“你们女人能管钱?！那才是笑话！天天嚷嚷着再上淘宝就剁手，结果呢？还不是一看到漂亮包包、衣服就买！买！买！”小波一脸地

不屑。

“唉……你们俩能不吵了么?”MsC 无奈地站到两人的中间,“还是听我来帮你们分析一下吧!”

“在我看来,女性在当家理财上是有很显著的优势的,比如女性天生就比男性更具有财务忧患意识,2011 年美国财富管理杂志做过调查,受访者中,49% 的女性认为在经历危机后要更仔细地计划家庭财务,而只有 39% 的男性有这个想法。再比如相较于男性,女性理财会更加稳健,我刚刚说的那个美国调查里就发现,41% 的男性在投资上愿意冒险,而只有 27% 的女性愿冒风险。”

“你说的都是美国的数据,那在中国呢?”小波很不服气。

“在中国啊,女性掌握家庭财权早就是不争的事实啦!”MsC 抿嘴一笑,“根据 2011 年汇丰未来退休生活全球调查显示,63% 的受访中国女性称她们是家庭财务的决策者,这一比例高过全球其他地区!”

“哼,看你还争!”小君得意洋洋地从包里掏出一张纸,塞到小波手里,“来,你今天就把这个合同签了!”

小波把纸摊在桌上,边看边念出声来:“甲方:小波,乙方:小君。第一,每月家庭收入在乙方处归集,乙方支付甲方固定生活费;第二,甲方如有额外用钱需要,可向乙方申请贷款,贷款利率年化 15%;第三,如甲方不能按时还本付息,乙方可扣除甲方零用钱,并让甲方承担所有家务,直到还清本息为止……”

“哼!这明摆着是不平等条约嘛!”小波气愤地把纸揉成一团,抬手就要丢进垃圾桶。

“你还我!”小君扑上去抓住了小波的胳膊。

“哎呀你们别闹了!”MsC 懊恼地把两人分开,“家里谁掌握财政大权,其实还是要看谁更有理财能力啊,能者上不是吗?而且任期也不是终身制的，你如果不够称职，也是可以下野的嘛！”

小波想了想，才勉强地点了点头：“好吧，小君你和MsC混了那么久，就让你先管管看吧！”

“这还差不多！那你每个月要把你的工资都转给我哦！”小君笑嘻嘻地说。

“我的工资每个月会打在好几张卡上，我还要跑好几家银行去转账，哪有时间啊？”小波眼珠一转，又找了个借口。

“那怎么办？”小君傻眼了。

“咳咳，我有办法……”MsC举起了手。

“什么？！”

“各家银行针对这个问题都推出了一项业务叫做——‘保底归集’，小君，你可以把小波的银行账户统统设置为关联账户，再设置一个保底金额，比如1000元，那么银行会每天查询小波的账户，只要大于1000元，就自动将超出部分转账到你的主账户里来！”

“啊？银行还提供这么丧心病狂助纣为虐的业务……”小波无奈地摇头。

“嘻嘻，银行都喊你把工资转给老婆大人！”小君冲着小波做了个鬼脸。

MsC拍了拍小波，安慰他：“其实你仔细想想，这个业务也是有好处的，它帮助夫妻俩把自己不同银行账户犄角旮旯里的钱都‘收纳’起来，跨行整合到一个账户上，既免去转账的手续费，又便于一个家庭通盘打理家庭财产，其实是有百利而无一害的嘛！”

小波叹了口气，不甘心地对小君说：“这样吧，小事你管，大事还是要我说了算！”

“可以啊！”小君非常爽气地一口答应。

“真的?”

“打不打钓鱼岛这类大事儿你做主，其他小事儿我做主!”

“你……”

第二章

家庭资产配置也有黄金比例

这天，MsC又被小君的夺命连环call给吵醒了，电话里小君急吼吼地要MsC马上到她家里去，有急事儿需要商议。MsC以为小君又和小波吵架了呢，赶紧随意梳洗了下就赶到小君家里。

“MsC，你来啦？快来快来！”小君一见MsC，就兴奋地拽着她坐到沙发上，指着电视机大呼小叫：“看！我的男神啊！简直帅呆了！”

——这算什么急事嘛！MsC在心里默默地吐槽。她瞟了一眼电视，果然，又是韩剧！又是都教授！有完没完……

“哦，都敏俊哪有李敏镐帅？李敏镐可是有着1米1的大长腿哦！长腿恒久远，一条永流传……”MsC故意气小君。

果然，小君不乐意了：“腿长？腿长能当饭吃吗？要脸小才帅嘛！看我们都教授，脸小得还没巴掌大……”

“哼，果然大饼脸都喜欢巴掌脸……”MsC继续火上浇油。

“你！”小君炸毛了，气呼呼地瞪着MsC。

“知道什么才叫帅吗？”MsC站起身来手叉腰学着模特走了几步，“身材比例必须非常完美，像我一样，要是标准的九！头！身！”

“九头身？你有九个头啊？”小君白了MsC一眼，其实心里羡慕得要死。

“什么嘛！所谓九头身，就是说身高是脸长的九倍，这样的人呢，就拥有了高贵冷艳的资本。不过啊，九头身那可是可遇而不可求非常罕见的，男性拥有九头身，通常身高最少要有 186cm，女性最少要有 172cm，当然，脸特别小的呢矮点也可以，就像你的……都教授。”

“就是嘛！我的都教授虽然没有 1 米 86，但是架不住人家脸小啊，所以也是九头身！”小君又开心起来。

“喂，我的脸也很小啊……”

MsC 回头一看，原来是小波端着一盘水果从厨房里走了出来。她眨了眨眼睛，打趣地说：“你？你的脸是小，但是你的身子更小啊……”

小君看小波的脸色很难看，安慰地拍了拍他：“不要紧，小波，我们身高不够，鞋跟来凑，呆会儿我就去给你买双内增高鞋！”

“咳咳……”小波放下了果盘，尴尬地说：“我们能不讨论这个话题了吗？我说小君，你找 MsC 来不是为了讨论男神的身材比例的吧？而是想要讨论一个家庭的资产配置比例的吧？”

“对对对！”小君拍了拍自己的脑袋，“怎么把正事儿给忘了！MsC，一个家庭的资产配置，到底有什么讲究？”

这才是正经事儿嘛……MsC 坐下来清了清嗓子：“这个嘛，你的家庭资产，就和你的身材一样，也是有很多黄金比例的哦。现在就来让我给你们讲讲几个黄金比例吧！”

“**第一，金融资产：固定资产** = 1:1。你的家庭金融资产，包括存款、基金、股票、债券等等，和你家的固定资产，包括房产、汽车、商铺等等，这两块资产的比例最好保持在 1:1，哪一块太多了，可能就需要‘减肥’，把它调整为另一块资产，这样，整个家庭资产的流动性才会比较健康。”

“**第二，活期存款 = 6 个月生活费**。活期存款的比例，保持在家庭 6 个月的生活支出。活期存款利息低，存太多了浪费，存少了呢，万一家里有个什么急事，又拿不出钱来，所以，正确的做法就是，算一算你家的生活开销，保证活期存款的金额大致能够满足家庭 6 个月生活费就好。”

小君打断 MsC：“不对吧，现在谁还存活期啊，你不是讲过好多次这个宝那个宝的吗，这些互联网理财产品收益比活期高，又能像活期一样随取随用，一样可以作为应急资产的！”

小君终于……长进了啊，MsC 觉得自己都快要哭了。

MsC 朝着小君鼓了鼓掌，接着说：“你说得对，但也不全对！无论是哪种宝类产品，其实都不能完全取代活期存款，因为它们都会有个每天的最高取现额度，如果这一天在你前面取现的人太多了，额度用光了，等你想取现的时候，哪怕你就想取 1 块钱，你也会被告知‘余额不足’哦！所以，千万不要把所有的应急资金全都买成各类宝宝产品，还是要适当地留点活期存款。”

“哦，原来是这样！”小君点了点头，又问：“MsC，还有哪些黄金比例？”

“**第三，‘房贷 = 1/3 收入’法则**。一个家庭一个月可以负担多少房贷？从银行审核房贷额度的观点来看，通常会以每月房贷不超过家庭所得的三分之一作为发放贷款额度的重要参考，所以，如果你买房子的时候发现每月房贷太高，那可得慎重考虑，量力而行，是不是买小一点的房子更安全呢？”

“**第四，保险‘双十’定律**。保险是一个家庭的必需品。但是有的人呢花了太多的钱买保险，使得整个家庭资产的收益率不高，也有的人呢，保险买得太少，对一个家庭的保障明显不足。那么到底要买多少保险，负担多少保费才恰当呢？记住两个‘十’：**保险额度为家庭年收入的 10 倍；总保费支出为家庭年收入的** 10%。超过这个比例，说明保险过度了也很没必要……”

“MsC 你讲完了没有啊？我们还是来讨论下咱们的男神谁的身材比例更好吧！”小君听得实在不耐烦，忍不住插嘴，“李敏镐？还是都教授？”

小波看着小君满脸花痴的样子，无可奈何地摇摇头，“唉，真是的，两个韩国欧巴就毁了全部的中国女人！”

“一个日本女优还毁了全部的中国男人呢！”小君斜了他一眼。

“哪有啊……”小波很心虚。

“那你是说，你不是男人？！”

“我当然是男人！”

“那就是说，你虽然是男人，但你被毁了？！”

“我，我……嗨，你们继续！”

“哼！”

两个女人心满意足地去讨论她们的男神去了……

第三章

婚姻里“小三”该怎么防

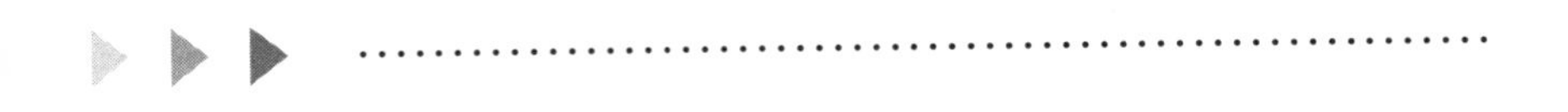

“呼……终于下班回家啦！”小君把包往旁边一扔，就躺到了沙发上，顺手拿起茶几上的遥控器打开了电视。跟在小君后面进家的小波默默地围上了围裙钻进了厨房。

“吃饭啦！”小波一边把菜端上桌，一边招呼小君。

“等会儿啦，还有三分钟这集才结束！”小君不耐烦地挥了挥手。

小波重重地把盘子放在桌上，叹了口气说：“老婆，结婚以后，我才知道婚姻是沉重的枷锁！”

“那当然，所以才要两个人共同承担啊。”小君头也没回。

“你说……要是多一个人来承担的话，枷锁的重量会不会减轻一点？”小波看着小君的后脑勺，试探地问。

警铃大作……小君猛地回头：“你什么意思？你要找小三吗？！”

小波眨了眨眼睛，一脸无辜的表情。

小君微微一笑：“可以啊！”

“真的……可以吗？”

“可以啊，我在家里想打斗地主老是三缺一。”

“你同意啦？！”小波半信半疑，心里却开始雀跃起来。

“嗯……不过呢，在你去找小三之前先把这个协议签了。”小君低头从抽屉里翻出一张写满字的纸，递给小波。

“忠诚协议？什么鬼？”小波接过纸，边看边念了出来：“第一条、自婚姻关系建立之日起，丈夫应遵守忠诚义务，不得发生任何婚外情。第二条、如果丈夫发生婚外情，必须向妻子支付精神损失费 50 万；第三条、如果丈夫在午夜零时至清晨七时不归宿，必须向妻子支付空床费，每小时 1000 元……啊？我半夜起床上洗手间也要付钱吗？！”

“所以……你还要找小三去吗？！”小君依然不动声色。

“不找了不找了！”小波哭丧着脸，“还是赶紧吃饭吧！吃完饭还是我来洗碗……”

小小的“风波”就这么过去了。可是，小君却多了桩心事。那份所谓的“忠诚协议”其实是小君让 MsC 帮着写的，但是 MsC 写完了就说过，这种忠诚协议是否具有法律效力一直存在争议，在实际审判中，个别情况下可能有效，大多数时候法官会倾向于认定无效。万一……婚姻中真的出现小三，该怎么办？！越想越焦虑，小君只好来找 MsC。

MsC 听完小君的担忧，点头说：“早跟你说了啊，与其相信一份可能不具备法律效力的‘忠诚协议’，还不如通过一些金融工具和财务安排，提早确定好自己的财产权益，既是未雨绸缪，给丈夫敲个警钟，也是一种自我保护，万一婚姻中真的出现了小三，作为婚姻关系中的受害者，可以获得更多的收益作为补偿。”

“那你快跟我说说看到底有什么金融工具嘛！”小君急切地问。

MsC 勾了勾手指头：“来来来，你以后遇到小三可以这样子……”

听着 MsC 的描述，小君脑补了下画面——

“小君，我在外面有小三了，我要离婚！”小波趾高气扬。

“想离婚啊？可以啊，我们来清点下家里的资产吧。”小君冷静地把一张纸递过去。

“好啊好啊，我不会亏待你的。”小波看了看纸，脸色大变：“嗯？我们在襄阳路的房子，怎么是你爸的？我们在浦东的房子，怎么产权是三七开你七我三？还有，我的宝马，怎么是你妈的？我一手创办的公司，怎么变成了我儿子的？那还有什么是我的？！”

“属于你的还有很多啊，我们欠的银行贷款是你的、房子的物业费水电费都是你的，还有你儿子的抚养费也是你的……”小君冷冷地说。

小波拼命地擦汗：“老婆，我不离婚了成不？”

“哈哈哈……”小君越想越得意，忍不住笑出声来。

MsC也笑了：“这就是防小三第一招——资产提前传承或者代持。比如说把不动产、公司股权提前传承给子女，房产或汽车登记在自己近亲属比如自己的父母名下，这样一来，因为男方‘出轨’而导致离婚的时候，这部分财产就不再作为夫妻双方共同财产进行分割，也让女方和子女获得更多财产。对于房屋等不动产，还可以在产权登记时，登记为按比例共有，约定好丈夫和妻子在房子上的产权三七开或者二八开。一旦双方约定并登记了按比例共有，就破除了婚姻法对共有财产的规定，在离婚时会按约定的比例来分割！”

小君想了想，又皱起了眉头：“MsC，你这招适合家产很多的人吧？那要是小波还没多少钱的时候就找小三了呢？”

没钱的小波会有小三看得上吗……MsC在心里嘀咕着，嘴上却

说："那就来防小三第二招——买保险。现在啊，有的保险公司推出了'婚姻保险'，与普通保险不同，这一保险产品的投保人必须是丈夫，受益人则必须是妻子，签订保单时，夫妻双方约定好保单的权益划分比例分别为60%、80%、100%三个档次，如果夫妻在投保后婚姻破裂，可以选择退保，而妻子一方将至少获得60%的相应权益，最高可达百分之百呢！"

"哈哈，设计这个保险的一定是女人吧？"小君乐了。

"不过这种婚姻保险其实更多的是一种营销噱头。"MsC接着说，"实际上更实在的还是你直接购买大额的人寿保险。投保人设置为女方父母，被保险人为女方，受益人为子女。虽然保费由夫妻共同财产缴纳，但投保人设为了女方父母，夫妻离婚时保单资产就不会被当作夫妻共同财产而分割。"

"可是MsC，你说了这么多方法，但我觉得吧，你这些方法都不能'防小三'、'保婚姻'，顶多是'保财富'嘛！"小君越想越觉得不对。

"哎呀，能保住财富就不错啦！至于婚姻嘛……"MsC狡黠地一笑，"我还有一招！"

"是什么？"

"从经济学的角度来看呢，只要夫妻双方共同拥有的东西越来越多，那么它的分割成本和退出成本就越来越高，最后大家就都怕麻烦不想离婚了。比如共同拥有的房子、孩子、朋友……"

"还有共同的债务！"小君忍不住打断MsC的话，"哈哈，我以我和小波的名义一起借钱买了很多东西，这样我们也是不可分割的！"

MsC瞬间脑补出小波手拿一堆账单呼天抢地的画面——

"天啊，这么多账单要我们一起还到什么时候啊啊啊啊？！"

第四章

靠黄金能逆袭吗

“MsC，晚上到我家吃饭！”小波电话里的声音都透着愉悦。

咦，太阳从西边出来了吗……MsC知道小波最怕家里有客人来吃饭，因为那就意味着他自己要忙里忙外累得半死，没办法，谁让他娶了个“上得了厅堂、下不了厨房”的老婆呢。

MsC按捺不住一颗八卦的心，早早地来到了小波家。

才一进门，小波就热情地招呼她坐到沙发上，自己也大喇喇地坐到了对面。MsC朝四周张望了下，奇怪地问：“小君呢？怎么不见她？”

“在做饭呢！”小波得意地指了指厨房。

小君做饭?！MsC这下震惊了，从沙发上跳起来直奔过去。

厨房里，小君正满头大汗地忙碌着，灶台上乱七八糟，锅里的鱼眼看着就要焦了……

MsC抢上去把火关小，飞快地拿起锅铲把鱼翻了个身，又卷起袖子帮着洗菜、切菜。忙活了好一阵子，才来得及问小君：“今天是怎么了？你来做饭？小波怎么啦？发病啦?！”

小君哭丧着脸：“他不是发病，是——发财啦！小波前几个月去炒黄金，没想到正好碰到金价上涨，他狠狠赚了一大笔钱，回来就得瑟死了，说家里的财政大权要还给他，而且还要我负责家务，让他一门心思炒黄金赚大钱！”

“嗨，我还以为是什么大不了的事儿！”MsC松了口气，“像这种情况你完全不用担心，我看小波过不了几天就会被打回屌丝原形！”

“真的?！”小君像抓住了救命稻草，“MsC，你的话一定要灵验，我可不想天天做饭当黄脸婆啊！”

“当然是真的！”MsC胸有成竹，“其实道理很简单，因为黄金牛市早就过去了，未来金价下跌的概率远大于上涨的概率。所以呀，像小波这种只会做多的人，迟早亏到肉里去。”

“啊？这样子啊？那小波不是很惨吗？”小君又不开心了。

“对啊，你别看黄金被宣传的很保值，可实际上，黄金价格变化可比你翻脸快多啦。2008年金融危机以来，黄金既有过1921美元的疯狂，也有过682美元的低谷。高峰和低估之间整整相差了1.8倍！如果你踩在最高点入场投资，那绝对是开着宝马车进去，骑着自行车出来……”MsC说得眉飞色舞，小君的脸色却越来越难看。

“MsC，到底是什么原因导致了黄金价格的上涨下跌啊？我想好好跟小波说说，让他别老觉得黄金只会涨不会跌！”小君一边往锅里倒着料酒，一边问MsC。

“其实啊，决定金价最主要的因素就是美国经济和美元汇率。当美国经济疲软，美元汇率走低时，金价就会大涨。正是这两个原因带来了前5年的黄金大牛市。但这两年来美国经济在发达国家中一支独秀，不但经济增长维持在2%以上，还不断传出加息传闻，绝对是：高！调！炫！富！美元汇率自2011年以来也已经上涨了22%。所以啊，无论从哪方面来看，黄金都已经不再具备牛市的基础。小波真要继续投资黄金，那可不能只做多，还得考虑一下做空啊！”

“原来美元和黄金之间，就是一种此消彼长的关系。美元坚挺了，黄金就没戏了？”

“说对了！我看这就有点像你和小波的关系，你得意的时候小波的日子就很惨，现在小波得瑟起来了，你就很惨，唉……”MsC 摇了摇头。

“那怎么办嘛？”小君快哭了。

“你呀……我来告诉你怎么办。”MsC 勾了勾手指让小君把耳朵贴过来。

“这样子啊……好好好！”小君边听边点头，脸上露出了笑容。

两人正在咬耳朵，小波推开了厨房门，不满地说：“你们俩捣鼓了半天了，饭做好了没有啊？哎呀……什么味道？！”

灶上的火安静地燃烧着，锅里的鱼散发出烧焦的气味……

一个月后。

小波垂头丧气地来找 MsC，一见面就说：“MsC，借我点钱吧！”

MsC 瞅了瞅小波，见他满脸胡子拉碴，身上的衣服皱皱巴巴，好笑地问：“一个月没见，你这样子怎么就从老板变瘪三了？”

“嗨，别提了！最近黄金行情一路向下，都不带反弹的，害得我连衣服都输光了！”说着说着小波又亢奋起来，“不过我听说 1200 美元一盎司是黄金的成本价，说不定反弹很快就到了！MsC 你借我点钱，我马上就会翻本的！”小波扭麻糖似的缠着 MsC 央求。

“小波，你这种赌徒心态千万要不得！投资就要科学分析，耐心操作，不能赢了不知道兑现，输了就总想翻本。像你这样不管给你多少钱，早晚都会输的精光。我才不能借钱给你呢！”MsC连连摇头。

“干嘛借钱？我借给你！”小君大踏步地走了过来。

小波回过头来：“咦？小君？你怎么来啦？我前面给你打电话，怎么说你的手机关机了？”

“哦，我去换手机啦！”小君举起手里的新手机晃了晃。

“啊？IPhone6 Plus？你原来都用的是山寨手机啊，哪来的钱换手机？”

“我听了MsC的话，去银行买纸黄金赚的啊！”小君得意地说。

“不可能！黄金最近一直跌的好吗？”小波根本不相信。

“纸黄金可以做空的你不知道吗？你买涨我买的是跌！”小君傲娇地扬起了下巴，鄙夷地看着小波。

“哼！”小波不甘示弱，“我告诉你，1200美元是黄金成本价，不会再跌了！”

“小波，你这话可不对。”MsC插了进来，“黄金成本真的是1200美元吗？其实，黄金根本没有一个统一的成本价。最新的研究报告显示，全球黄金生产最低成本只有约600美元，而最高则将近1500美元一盎司。而所谓的1200美元，只是黄金生产的平均成本。但随着高成本金矿因亏损而停产，黄金的平均成本会不断下跌，未来黄金成本可能只有1100美元、甚至1000美元以下。因此说1200美元是金价底线其实根本没有充分根据！”

听完MsC的话，小波就像泄了气的皮球，沮丧地说：“那我该怎么投资黄金嘛？”

“你想投资黄金，就需要多关注全球经济数据以及美联储的货币

曹丽斐 饰 辣妈MsC
《她汇理财》创始团队成员之一

permanent wave
OK!

Water
Water

今年的最新款！
买嘛！
没钱！
我买新衣服
还不是为了
给你长脸嘛！
为了财务自由我
还是不要脸了！

政策，这样才更靠谱哦！”MsC同情地拍了拍小波的肩膀。

“小波……”小君扯了扯小波的衣袖。

“干嘛？”

“你该回家做饭了吧……”

第五章

利息降了，钱不能少赚

“小君，结婚纪念日快乐！”刚到家的小君就被小波的甜言蜜语包围了，“给，这是今年的礼物。”

“不会又是苹果吧……”小君轻声抱怨着，显然已经被小波的抠劲吓怕了。

“你怎么知道？”小波故作惊讶：“我还真给你买了个苹果。”

“又是红富士啊……怎么年年都送红富士。”小君失望地拆开了礼物，一台 iPhone6 Plus 静静地躺在了她的手里。

“苹果，真的是苹果！”小君激动地问小波：“亲爱的，你怎么舍得给我买这么贵重的礼物？”

“其实也没啥。”小波故作轻松地回答她：“还不是因为这两年 CPI 持续走低，物价涨得慢了，钱也更耐花了。我省着省着，一台 iPhone 就省出来了。”

“谢谢你，亲爱的！”小君回赠了小波一个甜蜜的吻。

第二天，小君向 MsC 炫耀起了自己的新手机：“瞧！小波给我买的，他说现在 CPI 低了，钱更耐花了，存钱也更容易了，所以就给我买了个新手机，多体贴。”小君越说越得意。可 MsC 立马给她浇了一盆冷水："CPI 走低可不一定是好事，你别想得太美了。"

"物价低还不是好事，难道非要贵得买不起才好么？"小君嘟哝着。

"物价太高或者太低，都不是好事。"MsC 告诉小君："物价太高大家都知道了，叫通货膨胀，物价越来越高，钱也越来越不值钱。"

"对对，前两年通货膨胀就比较厉害。"小君显然对那时的事情还记忆犹新。

MsC 接着说："而物价太低也有一个名词，叫通货紧缩，意思就是 CPI 不涨反跌，物价越来越便宜。"

"难道物价便宜对消费者不是好事吗？"小君疑惑不解。

"对消费者当然是好事，可是对企业就是坏事了。"MsC 继续给小君答疑解惑："打个比方，假如这个苹果手机，成本 6000，卖 7000，能赚多少呢？"

"1000！"小君脱口而出。

"如果成本不变，价格跌到了 5000，又能赚多少呢？"

"还赚？亏 1000 了呀！"

"瞧，这就是问题所在。苹果手机 5000 块钱你高兴了，库克可真的要被气死了，越卖越亏啊。所以，当一个社会进入通货紧缩以后，就会进入物价越来越低，利润越来越少，企业越来越过不下去，经济越来越差的恶性循环。在经济学家眼里，这可比通货膨胀更可怕呢！"MsC 这样警告小君。

原来手上的 iPhone 这么烫手，小君有些不淡定了："要么……我让小波去把这个手机退了？"

"现在还不用担心。"MsC 安慰小君："虽然有通缩的趋势，但目前我们还没进入通缩。更何况，央行不是已经开始降息了吗？通过降息，央行就能投放大量的货币进入市场，俗称‘印钞票’。至于印钞票的后果，大家想必都知道了吧。”

“印钞票不是会导致通胀吗？”小君回答，“用通胀对冲通缩，是这个道理吗？”

“完全正确！”MsC 表扬道：“除了央行的努力之外，我们其实也可以借着降息的契机来发一点财哦。”MsC 神秘地告诉小君。

“赚钱？利息降了还能赚钱？”小君瞬间来了兴趣。

“没错，降息不但能赚钱，而且能赚大钱！”MsC 给小君画了一个图：“首先，根据经典的‘美林投资时钟’，通缩和降息正是经济从衰退转向复苏的典型特征。而我们的资产配置，也应该从余额宝、定存等固定收益产品逐渐转向股票等权益类投资。2014 年 11 月降息之后，A 股便在一个月内涨了 25.76%，未来的降息预期也让众多机构继续看好 A 股。因此大家不妨借道股票基金，参与一把这个牛市。”

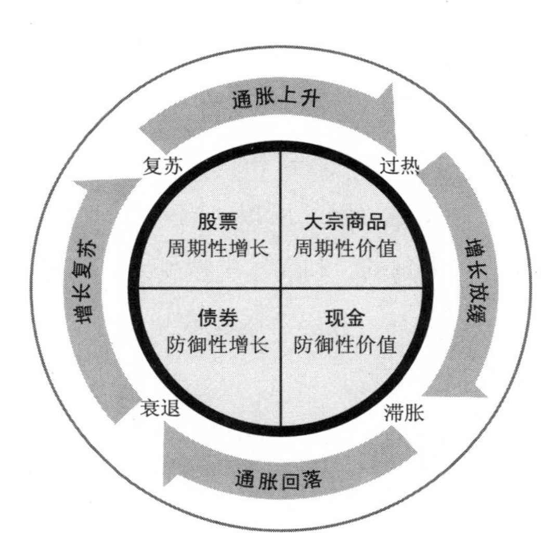

“其次，降息也能减少房贷压力。”MsC 给小君支招：“例如，你

们那套200万的房子，办了140万的30年期住房商业贷款，经过2014年和2015年初的两轮降息后，每月还款压力减少了814元，而未来还可能进一步降低，压力大大减轻。因此，降息之后也是贷款买房的好时机。”

“难怪小波一下子有钱了。”小君好像想到了什么：“一个月能省800多，8个月就能给我买iPhone了。房贷一少，人轻松好多啊！”小君接着问：“MsC，如果我不炒股也不买房，又该怎么理财呢？”

“那你就该去存5年定期存款。”MsC说：“一方面，能够锁定未来5年的利息，规避降息风险。另一方面，5年定存利率不受央行利率管制，不少中小银行为了争夺客源，都开出了5%的定存收益，完全不输银行理财产品，简直安全又好赚。”MsC最后总结：“总而言之，降息周期，多配置权益资产，少配置定期存款，小伙伴们就能充分享受降息的收益了！”听完MsC的分析，小君若有所思地点了点头。

当天回到家里，小君把小波叫到跟前，一五一十转述了MsC的分析，然后对小波说：“小波，以后再也别给我买这么贵重的东西了，费钱。”

小波刚想夸小君懂事，没想到小君话锋一转：“以后啊，你所有的钱都归我管吧，你不是给我买了iPhone6嘛，我正好用它来炒股，享受一下降息的红利！赶快把银行卡交出来，就这样愉快地决定啦！”

小波现在觉得，和通缩相比，或许还是小君对自己经济的伤害更大吧。

第六章

牛市了该买房还是买股

俗话说贫贱夫妻百事哀，可有了钱该怎么打理，夫妻之间同样会有矛盾。这不，五部委的房地产新政刚出，小波和小君就为这笔钱到底该怎么花闹起了别扭。

小君觉得："房地产市场从2008年开始调控了7年，越调越涨，越调越难买。要是我2008年就买了房，到现在都赚了2倍了！哪像小波，买的中石油到现在都是亏的。所以什么股票，什么理财产品，统统不如房子靠谱！还好总算让我盼到政策放松了，此时不买更待何时?！"

说到这里，小君想到小波这几年炒股的亏损，她越想越气。二话不说，上网清空了小波的股票账户："让你炒！让你炒！早听我的买房子，老娘早就当包租婆了！哪还用得着上班。"说完，小君就去中介看房子了。

小波的想法却和小君截然不同。2014年趁着A股大涨，小波从股市里赚了50多万，总算站上了"百万富翁"的门槛。虽然小君一直催他买房，可小波觉得："2014年房子只见跌不见涨，未来是涨是跌还很难说。而股市现在牛气正旺，一个涨停板卫生间有了，3个涨停客厅有了，5个涨停能多个卧室，7个涨停我就有健身房了……要是2015年能再翻个倍，原来的一室一厅就能换成三室两厅了。想想还有些小激动呢！”

正想着，一条短信发了过来：您的银行账户到账100万。

小波顿时热泪盈眶：“还是小君懂我呀，正想着呢就把炒股的钱给我打过来了，决不能辜负佳人美意！”说完，小波马上满仓了科技股。

第二天，小君约了中介交意向金。可到了门店一拉卡，空的，一查股票账户，果然又满仓了。小君顿时气不打一处来：“这个小波怎么老是坏我好事！气死我了！不行，得去好好教训他一顿！”

小波呢，此时正对着电脑里的行情系统沉浸在涨停板的幻想里，“到底是买大一点的房子呢？还是换到市中心呢？”小波正想着，耳边传来了小君的呼唤：“小波～”。

“小君，你怎么来了？”

“我就是来问问你，你准不准备换房子呀？”

“当然准备！”小波指着电脑：“你看，又赚了一个阳台。”

“看什么看！”小君的脸突然凶神恶煞起来：“天天就知道炒股！以前是买不起房才炒，我也就算了。现在首付降低了，明明能买了，怎么还不买，你到底是爱股票，还是爱我！”

“爱股票，哦不，当然爱你啦！”面对小君的拷问，小波差点说漏嘴：“亲爱的，这不是为了我们能买大一点的房子嘛？”

“大一点，哼，你要是早点听我的，2005年就买房，现在早就有几套房了！”小君很生气，后果很严重！

“你总说房子会涨，去年涨了吗？”小波也不甘示弱：“再赚一百万，放在股市里不就是分分钟的事情！让我算算，也就6个，哦不，7个涨停板。运气好点2周就赚到了，不比你买房赚得快多了?”

“买房好!”

“买股好!”

就这样,好端端的一对小夫妻,为了买房还是买股的事儿,差点就打起来了。

第二天,MsC刚从公司出来,就被等在门口的小波小君逮个正着。

“MsC你来评评理!”小君生气地说:“现在首付下调,公积金政策也放松了,千载难逢的好机会,他还不肯买房,非要买股票,简直气死人了!”

“我才气死呢!”小波反驳说:“现在这种千载难逢的大行情,应该满仓股票嘛!非要去买什么房子,简直急死人了!”

“买房!”“买股!”两人把家里的战争延续到了办公楼里。

看着两人在大庭广众下斗嘴,MsC尴尬极了,赶紧打圆场:“你们为什么不同时买房和买股呢?”

“还不是因为没钱!”这次两人倒是步调一致。

“其实,应该买房还是买股,需要因人而异。”MsC把两人拉到一边,为他们慢慢分析:“对于刚需人群,现在正值降息周期,首套房又有政策优惠,不少地方还增加了公积金贷款额度。而且从房价历史走势来看,政策最优惠的时候往往是房价最低迷的时候,从这个角度讲,现在出手买房最合适不过。而对于你们这种改善型家庭,准备购买第二套房或者换房的,目前也是一个不错的时点。一方面新政出台之后税费负担大大降低,一套300万的2年以上的房子就能省下16万营业税。同时首付压力也大大减轻。只要能够负担后续月供，我的建议依然是早买早划算。”

听到 MsC 同意自己的看法，小君十分得意，可她刚想插话，就被 MsC 打断了：“如果小君你是想投资，那可能就需要谨慎了。一来，中国房地产市场已经连续上涨了 10 年，对比国民收入，房价已经出现了泡沫。无论是美国、日本还是香港的经验都证明了，从来没有只涨不跌的房价。二来，政府调控的目标只是稳定市场，并不是推高房价，因此未来的价格走势和政策预期都有可能反复。对于想投资的朋友，我建议，现在买房子，不如买股票。中国的蓝筹股估值还处于历史均值下方的较低位置。这一高一低，谁更有价值是不是显而易见呢？”

听了半天，小波和小君更加一头雾水了：“那我们到底该买什么？”

MsC 为他们总结说：“我看你们，可以用足公积金贷款和商业贷款，尽量多留现金，然后再用这些钱去炒股。这样就能买房投资两不误了！”

“哎，这个主意不错。”小波小君双双表示同意。

看着两人手牵手相亲相爱地离去，MsC 终于松了口气，看来“老娘舅”可真不好当啊！

第七章

股市也有“流行趋势”

“小君，最近我去上了几节学时尚的课，你想知道这一季最流行什么吗？”MsC一边漫不经心地翻着时尚杂志，一边问对面的小君。

“流行……感冒。”小君懒懒地打了个哈欠。

“切，估计大家最不想流行的就是感冒啦！”MsC抬头扫了扫小君，“不过话说回来，最近天气凉了，感冒的人确实多了，你一孕妇可要小心！”

“嗯……”小君低头不好意思地看了看自己的肚子，说“现在我这样子哪还关心流行什么呀？反正都穿不下……”

“你倒是不关心啦，我觉得小波一定关心！”MsC笑着说。

“怎么可能?！小波现在一门心思在股市上，就想趁着这拨牛市多给我们宝宝赚点奶粉钱，哪有心情关心流行什么呀！”小君拼命摇头。

“那可不一定。我们说穿衣打扮有流行趋势，股票市场其实也会有。那你说小波追还是不追啊？”

“股票也讲流不流行？”小君很怀疑。

“当然啦！你看着好像没什么规律今天红明天绿的，但其实呢，红红绿绿的K线图当中，也是有永不褪色的流行趋势的，你看我上课的时候偷偷画的这张图。”MsC从杂志里抽出一张纸，指着上面的图说，“从这张图你就会看到，过去三年中每一季度涨幅最大的行业是风水轮流转，有色金属、房地产、医药等行业都曾经在过去三年中夺得过季度涨幅的冠军，‘流行’趋势变化得可快呢！”

太疯魔了吧，明明是上时尚课程，也能扯到投资……小君心里嘀咕着，接过那张纸看了看，说：“2015 年最‘流行’的行业是……哦，从申万行业指数来看，是计算机！计算机指数五个月就涨了 176% 呢！”

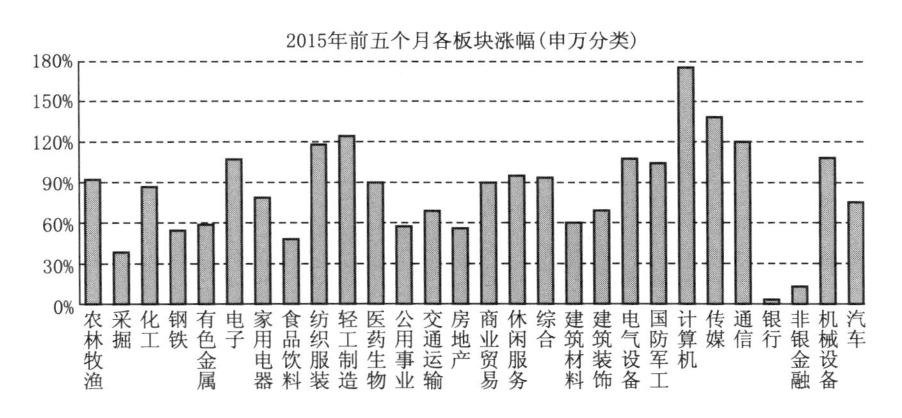

最近三年每季度涨幅最高板块(申万分类)

季度	板块	涨幅
2012Q1	有色金属	16.32%
2012Q2	医药生物	14.56%
2012Q3	传媒	0.96%
2012Q4	家用电器	11.56%
2013Q1	医药生物	22.52%
2013Q2	传媒	31.97%
2013Q3	传媒	70.49%
2013Q4	家用电器	18.38%
2014Q1	综合	7.07%
2014Q2	国防军工	14.96%
2014Q3	国防军工	36.85%
2014Q4	非银金融	109.73%
2015Q1	计算机	78.65%

（数据来源：Wind 资讯，截止 2015 年 5 月 31 日）

“对啊！我买的汇丰晋信科技先锋基金就是主要投资信息服务行业的基金，所以2015年前5个月净值增长率就达到了133.64%，超越业绩比较基准77.72%，这样我不就把握住了股市上的流行趋势了吗？”MsC很得意。

“嗯……如果我能够提前发现股市中的这些‘流行主题’，在行情还没启动前就先‘潜伏’进去，然后我不就成为——股神了吗？！”小君越想越美。

“嗨，‘神’哪有那么好当的！”MsC把杂志“啪”的合拢，指着封面上美艳绝伦的范冰冰说：“你看人家范爷，现在算是国内最会穿衣的女神了吧？动不动就登上时尚杂志封面，可是想当年她的‘龙袍’、‘仙鹤装’不都遭来很多非议？只是她屡败屡战，才成就今天的‘范爷’。追流行的能力是需要培养和锻炼的，投资，也一样。”

“怎么培养啊？”

“嗯……我来告诉你一些股市上什么时间流行什么板块的一般规律吧！”

说着，MsC又从杂志里抽出一张纸，上面画着这样一张图：

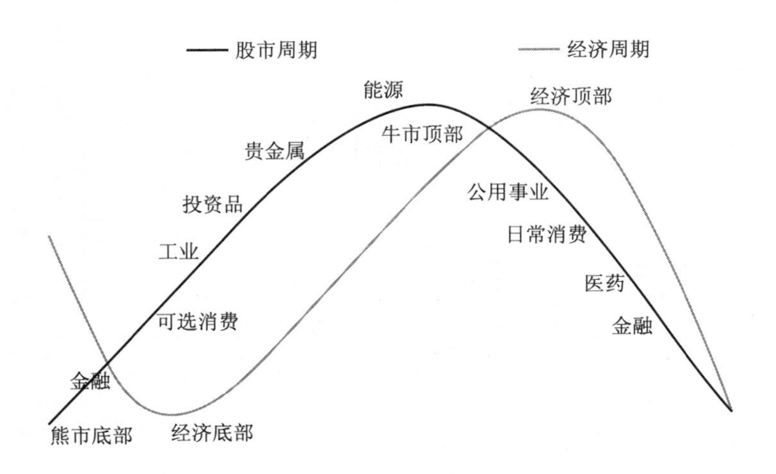

“喂，我说你确定你上的是时尚课不是投资课吗？”小君忍无可忍了。

“哦哦哦……我只是触类旁通了一下嘛！”MsC不好意思地捋了捋头发，“你看嘛，由于各个行业对于经济增速的敏感程度不同，有的行业经济一好它就好，有的行业无论经济好坏它都一个样，这样一来，在经济周期的不同阶段，股市当中的强势行业也就会发生变化，我们就能找出一些‘流行’的规律。”

“什么规律？”

“比如——工业类行业，包括制造业、资本品和运输，这类行业在经济转好、GDP增速加快的阶段，产品需求大、价格上涨，因此产能迅速提高，带来比较高的利润，所以这类行业在牛市的早期阶段开始表现较好；金融行业呢，对利率的变化比较敏感，利率降低对信贷和金融投资都是利好。而利率下调往往发生在经济下行期，所以这一时期金融股往往表现较好；能源类行业则对商品价格的变化最为敏感，所以，在经济和股市的顶峰期，这时也是商品价格上涨的阶段，能源类行业会表现较好；最后，医药和食品这些行业对经济的敏感度不高，经济好不好，大家生病了都要吃药，饿了都要吃饭是不是？所以，医药和食品行业就成了熊市或者是牛市末期的防御性品种。”

MsC边说边在纸上飞快地写了几行字：

牛市行业：能源行业；

熊市行业：医药行业；

“前周期”行业（即在熊市末期就开始启动，而在牛市前期表现较好的行业）：工业类行业包括制造业、资本品行业和交通

运输等，可选消费行业，包括汽车、家电和家具等；

“后周期”行业（牛市后半程表现较好的行业）：日常消费包括食品、饮料、零售等，金融业等。

“给我给我！”小君一把抢过MsC的那张纸，很宝贝地折好收进包里，“我要拿回去给小波，对他买股票有用。”

“嗯！掌握了这些规律，就像你知道了下一季流行什么衣服一样，你就对市场下一阶段的流行趋势有个比较清晰的预期了，不会穿错衣服，也不会投错板块。不过啊，你可要提醒小波一下，这只是大的流行趋势，还有些短期的流行元素和潮流热点，追还是不追，那可要慎重！”

“那是，穿衣服穿错了，只不过被人吐槽两句，投资上追流行追错了，那可是要损失真金白银的！不过话说回来，”小君不满地站起身来转了个圈，“你真没发现我今天穿的鞋、背的包、戴的项链都是最近最流行的吗？！”

MsC这才仔细看了看小君，一双豹纹皮鞋，一个豹纹包包，还有……一条粗大的金项链。

呃……无！力！吐！槽！

第八章

市场热点追追追

“苍天啊！为什么我发不了财！财神我是和你有仇吗?！”

MsC 刚走进小君家，就看到小波在捶胸顿足地嚷嚷着。

一看到 MsC，小波就扑了过来：“MsC，你说我怎么这么倒霉?”

“怎么啦？手机掉了还是钱包被偷了?”

“比这更严重！房子没了！”

“什么？你们不是刚买房吗?”

“MsC 告诉你！我单位的小明，买了一只环保股，今年赚了 1 倍！我的好哥们儿去年买了传媒股，结果赚了 2 倍！还有我们家隔壁的老王，年初买了科技股，据说已经涨了 3 倍了，还新买了一套房子！而我……一只牛股也没抓住！我的指数基金才涨了 30%。我的房子呀……啊啊啊……”

“小波，我给你推荐一只绝世牛股，10 年能涨 100 倍！”

“真的?！叫什么?”小波立刻擦干了眼泪。

MsC 抿嘴一笑：“叫做——别人的股票。”

“噗……”一旁的小君也忍不住笑了。小波则一脸的无奈。

“好啦好啦，不取笑你了。”MsC 笑够了才换了张严肃脸说，“不就是指数涨幅不给力嘛，不就是没抓住市场热点吗？我教你一个好方法，保证你从此不再错过任何热点！”

“什么方法？”小波顿时两眼发亮了。

“就是买行业分级基金……”

“等一下 MsC！什么叫分级基金啊？”小君插进来问。

“所谓分级基金啊，顾名思义就是把一个基金分成 A、B 两个不同级别的基金。其实就是 B 份额的小伙伴向 A 份额的小伙伴用一个约定的利率比如说 5% 来借钱，然后拿整一笔钱去投资。举个例子，假设某个分级基金发行规模有 1 个亿，分成了 5000 万的 A 份额和 5000 万份的 B 份额。对于购买 A 份额的小伙伴们，每年会获得约定的 5% 的收益率。而购买 B 份额的小伙伴，能赚多少钱呢？假设这一年里这个基金投资的股票涨了 10%，那么 B 份额的小伙伴们，收益率就等于（1 亿 *10%－支付给 A 类份额的 250 万）/5000 万 = 15%，收益率比起只拿自己的钱投资高出了 5%，杠杆的魅力是不是就体现出来了呢？”

“嗯……这就像我贷款买房子，也是有杠杆效应的！”小君似懂非懂地说，“那什么是行业分级基金呢？”

“所谓行业分级基金，就是投资某一特定行业的分级基金。这类基金的投资范围精确，而且用杠杆放大了收益，是把握主题热点的绝佳工具。现在市场上有投资环保、券商、互联网、金融、地产、医药、消费、食品、传媒、汽车等等等等各行各业的分级基金，你看好哪个行业主题，就买哪个行业分级基金，总有一款适合你！”

“对对对，我想起来了！”小波一拍脑袋，“我在营业部就听人说起什么‘环保 B’，说是半个月就涨了 30%！这一定就是环保行业分级基金，我也要买！”

小波急不可耐地拿出手机准备下单，突然想到什么，停下来问：

“环保 B，代码是什么？”

“你打 HBB，就能搜到啦！”MsC 指点他。

“哎哎哎，别忙！”小君突然上前拉住小波的手，扭头问 MsC：“你确定小波适合买分级基金吗？”

还没等 MsC 回答呢，小波就不耐烦地说：“适合适合，只要赚钱都适合！”说着，甩开小君的手，快步走进书房。

MsC 在他身后大声说：“小波你别冲动！分级基金因为加杠杆的原因，波动性大，涨的快，跌得也猛，可不一定适合你！到时候万一来几个跌停，小波你可就欲哭无泪啦！”

小波头也没回，倒是小君听了 MsC 的话连忙问：“MsC，那你说还有什么别的方法追热点啊？”

“行业分级基金虽好，但是波动性大，而且完全被动跟踪行业指数，缺乏主动规避风险的能力。因此比较适合投资能力强、风险承受能力高的专业投资者。像你们这样的普通投资者，其实还不如通过主题基金来把握热点机会。”

“哦……就是你上次说的，你买了汇丰晋信科技先锋基金，这个基金就是投资信息服务行业的主题基金对吗？”

“对啊，所谓主题基金，就是投资某一特定主题的开放式股票基金，因为基金经理会在市场调整时通过减仓或者调仓来规避风险，所以主题基金风险会比行业分级基金小，更适合普通投资者啦！”

“可是，开放式基金申购赎回加起来需要 2 到 7 个交易日，市场热点转换很快的话那哪里来得及嘛！”小君撇撇嘴。

“这是没错，在快速捕捉机会方面主题基金确实不如分级基金，不过你如果是中长线投资者呢，也没有太大影响。”

正在这时，小波慌里慌张地从书房里冲了出来：“MsC，我的行业分级基金怎么一直在跌啊？”

“你买的哪个行业分级啊？”

“HBB，回报B啊！”小波困惑地说。

“哎呀大哥，都说了是环保B，你怎么会买成回报B啊，输入简称的时候麻烦看一下名字行不行啊。哎，你等着慢慢解套吧！”MsC无可奈何地摇头。

啊啊啊啊……

第九章

玩转分级基金

难得一个周末，MsC 和小君一起到酒吧闺蜜欢聚，可没想到，小波却嬉皮笑脸地当起了电灯泡。

“他跟来干什么？”MsC 指了指跟在小君身后的小波，有些不满。

“他听说我和你聚会，非要跟来，说是要学学赚钱的秘籍。”小君解释说。

这时候，小波把脖子伸了过来，厚着脸皮问 MsC：“MsC 啊，我上次不是买错了分级基金吗，这一回要不你再给我仔细讲讲？”

MsC 没好气地回答：“分级基金可不适合你这个股市小白。”

这个答案，小波显然不满意：“为什么不适合我？八字不合？血型不合？还是星座不合？”

“分级基金作为一种投资工具，在专业人士手上是‘馅饼’，在小白投资者手上就可能是‘陷阱’。”MsC 给小波讲了一个‘凄惨’的故事。

原来 MsC 的一位朋友曾经也向小波一样来向 MsC 讨教赚钱的秘籍，然后同样对分级基金产生了兴趣。可没想到，才过了短短 1 个月时间，这位小白投资者就因为连续买错分级基金亏损了 50%，把一头乌黑亮丽的秀发愁成了满头银丝。正因为如此，MsC 才竭力

劝阻小波，避免悲剧的重演。

“这么吓人……”小波听了 MsC 的故事，有点后怕。可他又不太甘心，于是问道：“难道我和分级基金就无缘了吗？”

“这倒未必。”MsC 安慰小波：“虽然投资分级基金需要对市场有准确的判断，但还是有很多操作技巧可以降低你的赚钱风险的。看你这么执著，我就传授你几招分级基金的投资技巧吧。”

“师傅在上，请受徒儿一拜！”小波半开玩笑地赶紧谢谢 MsC。

“那你就听好啦！”MsC 接着小波的话茬说：“第一招，叫做折价和溢价。

分级基金有两个价格，一个是二级市场的交易价格，另一个则是申购赎回的净值价格。如果交易价格高于基金净值，就被称为溢价，说明基金的价格被高估了，有一定的泡沫。相反，如果交易价格低于基金净值，就叫折价，说明基金价格被低估了。对于分级基金来说，B 份额通常都会有溢价，而 A 份额通常都会有折价，这是常态。如果哪一天 B 份额折价了，那有可能就是买入的机会。而 A 份额如果溢价，则有可能是卖出的机会哦。”

“听到了没，我一直跟你说的，买打折货不吃亏！”小君也跟着教育小波。

“第二招，叫做分级基金‘上折’。”MsC 接着说：“分级基金 B 份额如果涨的太好，就会发生基金上折，这时通常是买入分级基金 B 份额的良机。因为上折之后，分级基金 B 份额杠杆率重新变大，不少喜欢炒作的投资者往往会蜂拥而入，使 B 份额出现涨停，甚至有几个涨停，差不多有 10—20% 的收益率，小波你可不要错过哦。”

小波一听到“涨停”两个字，瞬间眼睛就放光了：“能涨停！这个好！”

“不过分级基金上折可没那么容易发生，通常只有在牛市里才比较常见。”MsC 赶紧提醒小波：“第三招，叫套利。分级基金套利可是分级基金最重要的投资技巧。一般分为两种情况。第一种叫溢价套利。简单来说就是分级基金涨的太多了，A、B 份额交易价格相加已经远远超过了基金净值。这时候，我们可以先以净值申购母基金，到第二天进行分级基金的拆分交易，把一份母基金拆分成一份 A 份额外加一份 B 份额。还记得我刚才说的吗，A、B 份额的二级市场交易价格高于基金净值，没错，最后你只要以交易价格把到手的 A、B 份额卖掉，就能赚钱啦。总结一下，就是以比较低的净值买入基金，再以比较高的二级市场价格抛售，低吸高抛，是不是很简单？”

“这是二级市场上涨的情况，万一下跌了怎么办？”小波最怕这个“跌”字，于是赶紧问。

“下跌了也能赚钱。”MsC 说：“当分级基金跌太多，A、B 份额的交易价格相加低于基金净值时，我们可以现在二级市场买入相同份额的 A 份额和 B 份额，然后申请合并，第二天再把合并后到手的母基金赎回。通过以较低的二级市场价格买入基金，以较高的净值抛售，当中的差价就是大家的利润。”不过 MsC 仍不忘提示风险：“需要注意的是，申购和赎回基金通常会有 1—1.5% 的手续费，所以只有当溢价和折价足够高的时候，套利才是有利可图的。否则，越操作，越亏损！”

“这些技巧好像挺实用的。”小波还在回味着 MsC 刚才的话：“那我就先回去研究研究，不打扰你们啦，你们好好玩。”说完，小波就溜了。

“‘电灯泡’终于走了。”MsC松了口气：“下面我们怎么安排？”

“MsC我也回家了。”小君突然起身要走：“我真担心他在家里胡乱投资，把我的钱都亏光了！我要回去监督他，让他严格按照你的指示来投资。”说到这里，小君也有点不好意思了：“要不，你到我们家来吃饭？”

“呃……”MsC无语了，一场闺蜜聚会竟然变成了一场家庭聚会，这个变化简直比分级基金还剧烈啊。

第十章

股票怎样才算便宜

“买这只！”

“买这只！”

小君小波这对活宝，又开始拌嘴了。

“买创业板！创业板涨得快，赚的多！”小君激动地说。

“创业板你也敢买，市盈率都60倍了！泡沫太大！还是买银行股划算，7倍市盈率，安全。”小波也毫不示弱。

眼见局势陷入僵持，小君又开口了：“这样，我们分别拿一半的钱去炒股，谁赚的多，以后就听谁的！不许反悔！”

“好。”小波表示完全同意。

一个月后……

“小波，你怎么这么不高兴，又和小君吵架了吗？”MsC在咖啡馆突然遇到垂头丧气的小波，于是关心地问。

“别提了……我和小君打赌，看谁炒股更胜一筹。结果，就算我投入了所有工资和积蓄，这个月也只赚了8%。”小波哭诉道：“我作为男人的尊严碎了一地啊！”

这时，小君神气地走到他们身边：“哟小波，以后炒股票该听谁的呀？”

“看来小波完败啊。”MsC 立马看出了赌局的胜负。

不过小波输得并不服气，他问 MsC：“MsC，难道我买低估值的不对吗？难道创业板的泡沫不会破灭吗？我还有没有希望逆袭啊！”

“买低估值的固然没错，只是小波，你没有明白什么叫做低估值。”MsC 一边祝贺小君获胜，一边指出小波的错误：“低市盈率和低估值可不能简单地画等号。”

“那怎么才算估值低呢？”小波不解地问。

“估值低不低，可不能单纯看市盈率，还要多方面比较。”MsC 告诉小波：“首先，得和历史比。历史上，创业板平均市盈率高达 54.6 倍，因此 60 倍市盈率对创业板来说，只能算价格适中，并没有很大泡沫。所以你担心创业板泡沫破裂纯属‘杞人忧天’”。

“就是，你就赚那么点卖白菜的钱，何必去操这份卖白粉的心。”小君趁机讥讽小波。

“你懂什么！”小波回击道：“市盈率越高泡沫越大可是国际通用标准。”

“既然说到国际标准，那我们不妨来比一比吧。”看到小波执迷不悟，MsC 直摇头：“大家常说，创业板就是中国的纳斯达克。可是据统计，美国纳斯达克中市值和创业板相似的企业，平均估值高达 112 倍。而我们的创业板才 60 倍左右。这样一比，是不是一点都不高，而且还有很大空间呢？”

“那美国的银行股估值多少？”小波问

“美国的银行股通常也就是十几倍估值。这样对比，银行股的上涨空间和创业板类似。”

“既然如此，为何创业板上涨，银行股就不涨呢？”小波更疑惑了。

“这就涉及第三个原因，公司的成长性。”MsC 说：“高成长的公司，自然能享受高估值。例如，一家预期年增长 50% 的企业，很容易涨到 100 倍市盈率，因为如果股价不变的话，只要连续增长 5 年，其静态市盈率就能下跌到 13 倍的水平，就和银行股差不多啦。但如果一家公司的年增长只有 5%，那么它很可能只能享受 20 倍市盈率了，因为它需要 10 年才能降到 13 倍静态市盈率，时间太长。所以如果你能选对一家好公司，往往就能将估值泡沫化为无形哦～”

“这么说创业板比银行股成长性更好咯？”小波继续追问。

“的确是这样。创业板的上市公司代表了中国经济未来的发展方向，自然会获得更高的成长性。”MsC 继续解释说：“这里还有一个规律小波你可以参考哦。据统计，主板和创业板市盈率的比值通常在 1:1.5 左右。如果大幅低于这个比值，比如到 1:2 甚至 1:3，这就说明创业板被高估了，反之则说明创业板相对被低估，有一定的投资价值。”

“原来不是我能力不够，是市场太狡猾！”小波气愤地说到。

“不用这么生气，你也还有逆袭的机会。”MsC 转头看着小君：“究竟鹿死谁手，恐怕还很难说哦。”

“其实低估值板块到底安不安全，能不能涨，这还需要放到牛市的大环境下来看。”MsC 开始教育面前的两人：“历史上每一轮牛市，从来都是鸡犬升天，区别仅仅在于一些股票先涨，一些股票后涨。就算是蓝筹股，同样也能在牛市中积累巨大的泡沫。例如从 2005 年到 2008 年，招商银行最高上涨了 6.9 倍，中国石化最高上涨了 7.4 倍，丝毫不亚于如今的创业板。可见在牛市中，只要有耐心，巨无霸一样会有春天。而且根据最新数据，目前银行、非银金融、房地产、家电、消费等板块的估值，仍处于历史均值附近，小波你要不要考虑一下呢？”

听了 MsC 的分析，小波瞬间有了信心：“原来我这么有潜力！小君，我们要不再比一个月？”

“比就比，谁输谁赢还不知道呢！”小君毫不示弱。

“看来形势不妙啊。”MsC 心想：“按照牛市板块轮动的节奏，他们俩恐怕永远分不了胜负了……这场‘战争’到底会持续多久呢？唉……”

第十一章

到香港购物不如去投资

“MsC，快进来快进来，介绍一下，这是我的香港同事 David。”

这天 MsC 去看望刚生了孩子不久的小君，小波才开门，就热情地向她介绍沙发上坐着的一位帅哥。小君也迎上来，笑着说：“MsC，过几天小波还要跟着 David 去香港出差，你要买什么吗，可以让小波带！”

MsC 和那位 David 打过招呼，才冲着小君一撇嘴：“到香港买东西，还不如去香港投资呢！”

那位 David 眼睛一亮，仿佛遇到了知音，兴奋地用带着浓浓港腔的普通话说：“这位小姐说得太对啦！港股就很值得投资啦！香港股市有超过 120 年的历史，是全球最重要的股票交易市场之一，内涵完全不是 A 股这种暴发户能比的啦！”

David 把右手举得高高的，说：“你们看啦，现在 A 股的估值已经有这么高！”他又把左手伸出来指向地板：“而港股的估值，才这么高。所以啦，你们知道港股和 A 股的区别了咯？”

小君茫然地问：“什么区别？”

“我们港股系投鸡，你们 A 股系投鸡的啦……”

“有区别吗？！”小君更困惑了。

小波哈哈大笑，拍拍小君说："David说的是'港股是投资，A股是投机'！"

"噗……"小君笑得快趴下了。

David不知道他们在笑什么，还继续认真地说："买港股很简单的啦～你带上身份证，带上银行卡，买个飞机票，飞到香港。先在银行开个户，再去经纪商，哦就是你们这里的证券公司开个户，然后把钱打进去……再飞回上海，就能网上操作啦，是不是很方便啊～"

小君止住了笑，摆了摆手说："这么麻烦！那还是算了吧。"

"其实，投资港股根本不用千里迢迢跑到香港，在家门口就可以做港股投资啊。"一直没说话的MsC终于发言了。

"真的吗？"David惊讶了。

"投资港股有好多办法呢。"MsC侃侃而谈。

"第一招，港股通。2014年，证监会开设了港股通业务，普通投资者通过港股通，就能投资规定范围内的280只港股蓝筹股。所以不用飞去香港，打个车去附近券商，开通一下港股通业务就OK了。不过，港股通的门槛可是50万元，所以，这项业务，是土豪专属哦。"

"第二招，港股QDII基金。QDII基金，就是专门帮助国内投资者投资境外市场的开放式基金。所以买一个港股QDII，就相当于借道基金公司投资了香港市场。而且还有基金经理为你专人管理，是不是省心多了？"

"第三招，跨境ETF。这些投资港股指数的ETF基金交易便捷，涨跌直观，如果你想快进快出，它们就是最好的工具。"

"第四招，分级B，投资港股的分级B相当于一个加了特效的跨境 ETF，duang ～涨了 10% ～ duang ～涨了 20%，如果遇到好行情，分分钟带你涨停带你飞。”

David 听得频频点头，对着 MsC 竖起了大拇指：“C 小姐懂得好多的啦！”又扭过头去对小波说：“怎么样？赶紧投港股吧，我还可以给你点参考意见的啦！”

没等小波回答，MsC 摆了摆手：“港股虽然便宜，可不代表就一定适合你们哦！”

“C 小姐你怎么说话的，港股哪里不好了啦？”David 不高兴了。

“港股没有涨跌幅限制，跌起来吓死人，而且港股的玩家绝大多数都是索罗斯、巴菲特、李嘉诚这样的大鳄，普通投资者和他们一起玩，简直就是与狼共舞。所以我觉得，小波小君，你们还是以 A 股为主，适当通过港股 QDII 间接投资香港市场，就像股神巴菲特说的：不熟悉的市场，不要做。”

“哦……”小君有点失望，想了想又问：“那我们还可以在香港做其他投资吗？”

“买保险啊。”这回 MsC 非常肯定地回答。

“大家都说去香港买保险比内地便宜，其实经过我的调研，发现值得千里迢迢跑去香港买的保险只有一种，就是重疾险，因为香港的重疾险保障范围要比内地同类保险要广，保费又比内地至少低 20%。举个例子：在香港，一个四十多岁的男性购买保额为 100 万人民币的重大疾病保险，每年所需缴纳的保费为 3.4 万元港币左右；而在内陆地区购买同等保额的重疾险则须年缴保费 5.5 万元左右，比香港贵出约 1/3。从保障范围来看，香港可保 50 多种重大疾病，包括十种左右原位癌这样特殊的疾病；而在内地，保障的重疾只有 40 多种，对疾病的定义也更严格，像酒醉驾驶、吸毒、艾滋病等等都不在内地保险公司承保范围内哦！”

“听上去很不错嘛！”小君跃跃欲试。

这回轮到David摇头了：“那也只是听上去很美而已啦。如果你在内地看病的医院不符合香港重疾险的就医标准，你买了重疾险也没用。再比如发生什么理赔纠纷了，你还得聘用香港本地律师打官司，很麻烦的啦！”

MsC点点头：“David说得很对。去香港买保险也不是对所有人都适用的，对香港完全陌生的人还是要谨慎哦。有两点需要特别注意：第一，在香港买保险，第一次签合同时必须本人到香港签字，保险合同才生效。第二，香港的保单文本包含中英两种版本，如果你英文不好，最好不要签英文版本的合同，谨防陷阱。”

“嗯……除了买保险，还可以做什么投资呢？”小君对着MsC挤了下眼睛。

MsC心领神会，马上说：“还可以买黄金啊！”

……等了那么久，就等着你说这个嘛。小君在心里嘀咕着。

“在香港啊，买黄金之所以比内地便宜，主要是没有增值税和关税，一般会比在内地至少便宜10%。不过也要注意两点：第一，香港买黄金是按“两”计价，不过这个‘两’跟内地不一样，人家的两是半斤八两的两，一斤等于16两，一两等于我们的37.5克，而不是50克。千万不要搞错哦！第二，在香港买投资金条、金币，和内地其实价钱是差不多的，买黄金首饰的差价会更大一些。”

“小波，听到没听到没？记得给咱儿子买几样黄金首饰回来！”小君兴奋地用手捅了捅小波。

“唉，原来在这里等着我的啊……”

第十二章

花最少的钱环游世界

时间过得好快，转眼间小君和小波的儿子西西都已经满两岁了。这天，MsC 带了礼物准备去祝贺一下。可没想到，刚到门口，就隐隐约约听见屋子里传来争吵的声音。俗话说得好，家和万事兴，没有一个稳定的家庭，又怎么能理好财呢？MsC 决定赶紧上去劝一劝。

“怎么啦小波小君，在争什么呀？”进门后，MsC 首先问起了争吵的原因。

“还不是因为小君太麻烦。”小波嘟囔着。

声音虽然小，但小君还是听到了：“我哪里麻烦了，我可是随便哪里都可以的！”小君丝毫不服气：“MsC，我和小波想带宝宝出去旅游，我让小波随便挑地方，可他竟然挑不出来！”

“你哪里随便啦？”小波苦恼地说：“不信咱们再试一次！小君，度假想去哪儿？”

“随便啊。”

“去韩国怎么样？”

“没啥风景。”

“泰国？”

“太热！”

“美国？”

“太远！”

“瑞士？”

“太贵，我们还要给宝宝存攒学费呢！”

“那咱们到底去哪儿？”

“说了随便啊！”

“……”

听着两人你一言我一语，MsC不禁笑了起来：“原来是这个原因。既然众口难调，不如我来给你们想个办法——跟着汇率去旅行。怎么样？”

“跟着汇率去旅行？”两人茫然不解：“这该怎么跟？”

“简单！”MsC说：“总的原则就是，哪个国家的货币对人民币大幅贬值，你们就去哪个国家。看，西西的学费都能省出来了。”

“这个好！”小君小波双双表示同意，不过疑问又来了：“哪些国家的货币对人民币大幅贬值呢？”

“让我来帮你们盘点一下。”MsC开始搜集脑中的外汇信息了：“跌幅最大的无疑是俄罗斯卢布，2014年以来，俄罗斯卢布对人民币已经贬值了45%。以前只够小波一个人在俄罗斯花的钱，现在就可以带小君一起去花啦。”

“这么爽！好想去克里姆林宫。”小君惊叹。

“俄罗斯那么粗犷的地方，谁去啊。”小波不屑地说：“MsC，有没有高大上一点儿的地方，比如欧洲？”

“当然有。一向高高在上的欧元，2014年以来也贬值了20.4%。如果按买个名牌包包3000欧元计算，以前需要2.6万人民币，如今

2.1 万就够了，机票钱都省出来了。”MsC 这么回答小波。

“能省这么多！”小君又惊叹了：“好想去老佛爷购物。”

“包有什么可买的，你又不是土豪！”小波又嫌弃了：“MsC，有没有文化含量高一点的地方？”

“肯定要有啦。”MsC 继续推荐：“日元兑人民币 2014 年以来已经贬值了近 20%，你去买个单反相机，一个镜头就省出来了哦。总体来看，近一两年，俄罗斯、日本、西欧、捷克、加拿大等地区的货币都对人民币大幅贬值。你们俩不妨趁着便宜赶快去看看大千世界吧！”

“好划算！”小君继续惊叹：“我想去看樱花！”

“这也想去那也想去，你到底想去哪儿？”小波有些不耐烦了。

“我想周游世界！”小君说出了自己的愿望。

“周……周游世界，这得多少钱？！”小波吃了一惊。

看到小波又在为钱发愁，MsC 赶紧为他们支招：“其实，你们可以趁着卢布仍在低位没有完全反弹，先去俄罗斯。然后趁着欧债危机造成的欧元贬值，去德国法国等欧元区玩一圈儿，3、4 月份则可以去日本赏樱花。这一圈逛下来，既浪漫，又省钱，一举两得。”

“这个计划不错！”小君大为赞同，不过她马上也发现了问题：“怎么不去美国呢？”

“这是因为，刚才说的几种货币贬值，都是对人民币贬值，我们划算。而人民币贬值是对美元贬值，美国人民划算。所以我刚才说了这么大一圈，独独漏掉了美国，这是有原因的。不过如果你真的想去美国旅行也不用怕，MsC 同样有应对手段！”

“什么手段？”

“如果你实在担心人民币贬值，那么不妨将一部分资产转换成更强势的美元。不仅如此，你还可以通过购买美元理财产品获得进一步升值。目前国内银行美元理财产品的预期收益率为1—2%，如果将来美联储升息的话，收益率还有可能进一步提高哦。等到你们把旅游费赚出来的时候，你们就可以去美国啦！”MsC告诉小君。

“就这么愉快地决定啦。”小君对小波说：“我们先去俄罗斯，再去欧洲，最后去日本。把全世界玩个遍！”

“天……啊……”

第十三章

不出国也能从海外赚钱

“这个，是给你的，还有这个，也是给你的……”小君从国外旅游回来，给 MsC 带了很多礼物。

MsC 一边整理着礼物，一边随意地问：“这趟旅游有什么有趣的事儿吗？”

“有啊有啊！我为了深入了解当地文化，有一次还拉着小波去电影院看电影呢。那部电影一定很好，电影院里到处都是电影的名字。”

“什么电影啊？”

“名字有点奇怪。叫做‘COMING SOON’。”

“噗……”MsC 白了小君一眼，“那是‘即将上映’的意思啊！”

“哦哦，原来不是电影的名字啊，难怪我跟售票处的人说我要买‘coming soon’的票子，人家都瞪着我。MsC 啊，我还要跟你讲啊，国外的人都好开放好开放！”

“真的吗？”MsC 有点不相信。

“有一天我去一幢大楼里，电梯门开了，外面有个很帅很帅的老外，他一手扶住电梯门，一手拨了拨刘海，对我挑逗地笑了笑，说‘够淫荡？’”小君边说边比划着，“MsC 啊，他居然问我够不够淫

荡，你说开不开放？”

“人家是问你‘going up or going down’——电梯是往上还是往下啊！”

MsC 瞪着小君，眼神里满满的都是嫌弃。

“咳咳……”小君赶紧转移话题，“MsC 啊，这一趟出国旅游，我和小波花了很多钱唉！”

“出国当然会花钱的啊！难不成你还想赚钱啊？”MsC 没好气地回答。

“咦？你不号称是美女中最会赚钱的、会赚钱的人当中最美的吗？”小君故意刺激她。

“嗯……你是可以在国外赚钱。”

“做什么？”

“洗盘子。”

“呃……”

MsC 看着小君吃瘪的表情抿嘴直乐，笑够了才一本正经地说：“其实真想在国外赚钱也不必走出国门，坐在家里也可以有在国际市场上赚钱的机会啊。”

“我知道！上次你说通过 QDII 可以投资港股，这个什么 QDII 也可以投资到其他国家对吗？”小君依稀记得 MsC 说过的话。

“你终于长记性了啊！”MsC 对小君竖了竖大拇指，说：“没错，QDII 是 Qualified Domestic Institutional Investors 首字母的缩写，中文是‘合格境内机构投资者’，指的就是在目前人民币还没有完全自由兑换的情况下，老百姓可以通过政府认可的境内机构投资者到境外资本市场投资的一项制度安排。比如说，我们不能直接买美国股票，但是我们可以找那些拥有 QDII 资格的机构投资者，比如银行、基金公司，去买他们发行的投资于美国股票市场的 QDII 产品，这样，我们不就间接地买到了美国股票吗？”

“可是，我干吗要炒美国股票呢？炒 A 股都够忙的了。”小君嘟着嘴。

“俗话说得好，‘东方不亮西方亮’，我们不能把‘宝’就押在 A 股市场上，寻找更‘牛’的市场，在全球市场上进行资产配置，收益或许会更高嘛！举个例子，2013 年上证综指一整年就只涨了 3.17%，在全球各大主要股指中排名倒数第二，股民们都总结了一句话：世界上最悲惨的事情，就是白天看中国股票，晚上看中国足球。那么，你知道这一年其他国家的股市涨了多少吗？土耳其涨了 53%，泰国涨了 35%，菲律宾涨了 32%，收益率可是杠杠的啊！”

“明白了，投资海外，就是把鸡蛋放在好多个篮子里。那怎么买 QDII 产品呢？”

“现在啊，市场上已经有很多 QDII 产品，光基金公司发行的 QDII 基金就有一百多只。这一百多只 QDII 基金中，有的是投资单一市场，比如投资美国市场的股票，有的投资一个区域，比如投资

2015年1季度末QDII投资地区占比

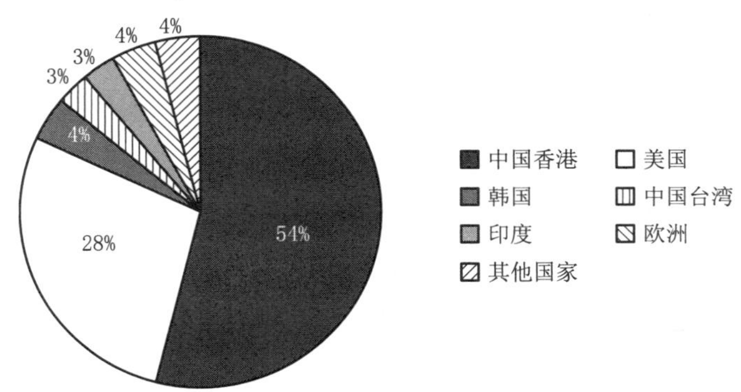

数据来源：Wind 资讯，截至 2015 年 3 月 31 日

亚太区域的股票，有的呢，则是全球开花，在全球范围内挑选合适的投资标的。”

“这么多 QDII 啊，我到底该怎么挑呢？”小君听得头疼。

“嗯……我来告诉你几个简单的原则吧！”

“第一呢，就是投资和 A 股市场相关性低的市场。我们投资海外市场的目的就是分散投资风险，不把鸡蛋放一个篮子里，但是，如果你挑的 QDII 全是投资港股、或者投资海外的中国概念股的，那就等于把鸡蛋放两个捆在一起的篮子里一样，一旦有点风吹草动篮子还是一起倒，鸡蛋一起摔。为什么这么说呢？因为港股、海外的中国概念股这些股票和中国的经济形势密切相关，A 股跌它们同样也会跌，只是跌的幅度不同而已，那还怎么分散投资风险呢？相反，欧洲、美国这些国家的股市和 A 股市场相关性比较低，经常是 A 股天天绿它们还涨翻天，如果你挑投资在这些市场的 QDII 产品，就能很好地起到分散风险的作用哦。”

“第二个原则呢，就是根据你的风险偏好来挑选投资的市场。比如说，像巴西、印度、菲律宾这类经济发展速度很快的市场，我们叫新兴市场，它们的成长潜力很大，但风险也会比较大，适合高风险承受能力的投资人；而美国、欧洲这些高收入国家的股票市场，我们叫它们成熟市场，它们的涨幅可能没有新兴市场大，但风险也没有新兴市场大，适合较低风险承受能力的投资人。”

“第三呢，就是根据你对投资品种的熟悉程度来选。如果你对黄金的国际走势非常熟悉，你就可以购买投资黄金类的 QDII 基金；如果你对美国房地产市场比较看好，也可以买美国房地产 QDII 基金。”

“美国房地产基金？”小君的眼睛亮了，“如果我买了这个基金，我是不是相当于买了美国的房子？”

“当然啦，这种投资海外房地产市场的 QDII 基金，它们其实不是直接去买房子，而是通过买上市交易的房地产信托基金，也就是 REITS 来间接投资全球各地的房地产的。”

“哈哈哈，我马上去买 1000 块房地产 QDII 基金，以后我就跟别人说，我在国外有很多套房子！”小君乐开了花。

没想到 QDII 基金成了小君的“装阔”利器……

第十四章

有钱该买公募还是私募

一天，MsC 正在上班，突然接到小君的电话："MsC，我想私奔，你说好不好呢？"小君在电话里这么说。

"私奔？难道小君找到比小波更好的准备抛弃小波了？"可 MsC 转念一想："不太可能啊？小波和小君，虽然三天一小吵，五天一大吵，但其实一直感情好着呢。"算了，清官难断家务事，想得再多恐怕也想不明白。MsC 赶快约了小君吃午饭，准备好好劝劝她。

"这里这里～"MsC 到餐厅的时候，小君已经点了一桌菜。MsC 看了就直摇头："身材！身材！生完孩子你还不嫌胖嘛？一点都不知道忌口！"小君满不在乎地说："反正都找到老公了，谁还在乎这个？"

MsC 一听，感觉有点诧异，怎么还是好太太的节奏，说好的私奔呢？MsC 赶忙问小君："小君，你在电话里说要私奔是怎么回事呀？看上哪块小鲜肉啦？"

小君一听，明白 MsC 肯定是误会了，赶忙纠正："不是这个私奔，是私募的私。"小君给 MsC 解释说："我昨天遇到了一个第三方理财公司的理财经理，他一个劲儿向我推荐私募基金产品，号称团队好，收益高，牛市的翻倍利器。"

一听到“翻倍利器”这四个字，MsC几乎笑了出来，不过她还是决定先逗逗小君：“哦？这么好？那你说说私募基金具体都有哪些优点？”

“喏，私募基金仓位灵活，0—100%随便配置，想买什么就买什么，比公募基金灵活多啦！”小君这样给MsC介绍：“而且私募基金还能投资股指期货、权证、融资融券等做多做空工具，不管市场上涨下跌都能赚钱。”小君喝了口水，抛出了最后的杀手锏：“更关键的是，你看王亚伟、王茹远等原来的公募一哥一姐都到私募去了，那业绩，肯定杠杠的！”

小君正在得意，没想到被MsC一句话就给噎了回去：“可是，今年公募基金业绩更好啊。”

“怎么可能？”小君有点不太相信。

“这还有假吗？”MsC告诉小君说：“据统计，截至5月12日，2015年以来已经有61.4%的偏股型公募基金收益率超过50%，全部759只偏股型基金中，仅有一只没有取得正收益。而同期阳光私募基金的平均收益仅30.3%，其中股票类基金平均收益35.66%，大幅跑输公募基金，甚至还有4只产品跌幅超过20%，14只产品跌幅超过10%。所以你看，谁更能赚钱呢？”

听了MsC的介绍，小君依然对这个心头好不离不弃：“私募……听着好高大上，虽然不明白究竟什么意思，但总感觉很厉害的样子。”小君想了想，对MsC说：“要不我还是问问我们家小波吧。”小君拨通了电话，问：“喂，小波，我想买个私募基金，你说好不好呢？”

“你想买私募基金～切，我问你，你知道开法拉利是什么感觉吗？”小波没好气地说。

“法拉利？不知道。”小君若有所思地沉吟了一会儿，突然领悟到了什么：“小波，我懂了，你的意思是不是买私募就像开法拉利，赚钱迅速又狂野，公募基金太慢了根本赶不上对吗？”

“老婆！你想太多啦！”小波见小君完全没有领会自己的意思，也只能直接打破小君的幻想了：“我的意思是，私募基金门槛太高，要 100 万起！我们这么点钱，如果全买了私募基金，那家庭整体资产的风险就太高啦！只有那些买得起法拉利、现金资产在 300 万以上的人，才比较适合拿出一部分资金配置私募基金。”

“哦……”听到 100 万这个词，小君被吓得魂飞魄散，挂了电话之后悄悄对 MsC 说：“天哪，私募基金这么贵？看来我这辈子和私募都无缘了。”

“无缘也没什么可惜的。”MsC 安慰小君：“其实在牛市里，公募基金和投资者更配哦。”

“这是为什么？”小君急忙追问。

“因为公募基金业绩好啊！”看小君依然不理解其中的奥妙，MsC 又继续解释给小君听：“牛市中，公募基金的表现往往能跑赢私募。这是因为，牛市中的任何一次卖出都有可能是错误。但是按照法规，公募股票基金的仓位必须始终保持在 80% 以上，由于仓位始终很高，因此反而比仓位灵活的私募基金更能享受牛市的收益。”

“这样一说我就理解了。”小君对 MsC 说：“其实小波也是这样，老是说等调整，结果卖出了之后，根本没有调整，白白错过了大好机会。如果能像公募基金一样满仓操作，我们肯定早就发财了！”

“说的没错。”MsC 表示同意：“另外，除了业绩低，私募基金还有一个致命缺点，就是收益需要收取业绩提成。”

“什么叫业绩提成？”

“业绩提成，就是私募基金针对超额收益的部分，收取20—30%的额外提成。比如你赚了1块钱，那就要分给私募基金2—3毛钱。”MsC给小君举了个例子。

“3毛钱！抢劫啊！”小君惊呼：“我买公募基金，申购费、赎回费和管理费加起来都不到4%，这也差太多了！”

“对啊，如果去掉业绩提成，私募基金在2015年头5个月的平均收益只有21%—24%，连公募基金一半都不到，差距太大。”

“那么熊市是不是私募更好呢？”小君又好奇了。

“熊市最好的，还是货币基金。”MsC摇摇头：“遇到系统性风险，就别老想着股市了，记住那句话，不作死就不会死。”

说到这里，“私奔”的问题似乎已经解决了，于是MsC问：“小君，还私奔吗？”

“你看我买得起法拉利吗？”小君白了MsC一眼，说：“看来看去，还是公募基金和我最配啊！”

第十五章

怎样判断市场何时见顶

这几天，小波突然得了“恐高症”，天天担心高企的A股指数会就此一泻千里。这天小波约MsC喝下午茶，顺便讨教炒股的技巧。

“MsC，现在几点啦？”小波见面就问。

“4点啊？”MsC抬手看了看表。

“我说的是股市，不是手表。”小波赶紧纠正了一下：“现在都已经4000点了，MsC你说会不会快要见顶了？我是不是该跑了啊？”

看着小波急吼吼的样子，MsC不屑地说：“才4000点，你急什么呀？”

小波回答道：“你不知道，在上一轮牛市中，我就是猜中了底部，没有猜中顶，结果把前面赚的钱全都赔光了不说，”小波朝四周望了望才小声地说：“我还输掉了我的第一个女朋友……”

原来，小波对顶部的执念，来自一个悲伤的故事。

2007年小波正和第一个女朋友娜娜谈得火热，当时也是牛市，小波把全部积蓄都投入了股市，希望能赚一套房子出来。可没想到，天不遂人愿，指数在6124点急速下挫，让小波一下子损失惨重。

这时，娜娜发现有些不对，就问小波：“怎么股票账户里只有5万了？钱呢？”

小波无奈地说："你没看到股市已经从6000点跌下来了吗？之前赚的钱又全都赔光了啊！"

娜娜大为光火："早就跟你讲6000点太高了是顶了，你还不相信！"

小波回答："都说'牛市不言顶'，6000点的时候我还以为要上10000点呢！"

眼看着婚房没了，娜娜顿时觉得心灰意冷，直截了当地对小波说："哼！那你继续做你'1万点'的春秋大梦去吧，我就不奉陪了！"当场就和小波分手了。

正因为有了2007年的惨痛教训，小波这一回一定想在见顶之前就清仓离场，保住胜利果实！于是向MsC讨教有什么办法。

MsC听了小波的遭遇，很有些同情。可是，就连索罗斯、巴菲特这样的投资大家都无法准确预料市场顶部，又何况一个小小的普通投资者呢？

"算了，尽人事听天命吧……"MsC这样想，她决定还是给小波一些建议，希望他这一次不要再重蹈覆辙。

"这个市场上，没有人能准确预测牛市的顶在哪里。"MsC话锋一转："不过呢，牛市见顶的时候，一定是市场最为疯狂的时候，还是有一些先兆指标可以让我们观察的。"

"还真有指标能预测顶部啊？"一听到自己的希望可能成真，小波激动起来："有哪些指标呢？"

"第一，成交量指标。"MsC说："从历史数据来看，成交量往往先于大盘见顶。2007年的5月30日，沪指创了那轮牛市最大成交额2713亿元，上证指数收盘报4053点。随后上证指数继续上涨，但成交量却难以放大，2007年10月份日均成交量约为1800亿，而大盘于10月16日走到了那轮牛市的顶点——6124点。"

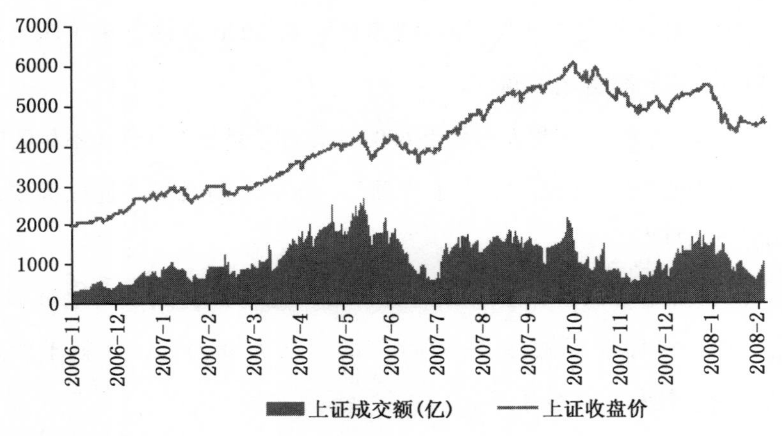

资料来源：WIND

“那现在成交量破万亿了，是不是见顶了？”小波担心地问。

“这倒不至于。”MsC 打消了小波的担忧：“别忘了 2007 年的市场上没有融资融券业务，也就是不可以做杠杆放大交易，而目前融资融券余额已经接近 2 万亿，成交量维持在一个较高的水平会是常态哦！说不定我们还会看到 2 万亿甚至 3 万亿成交量呢！”

“第二个指标，是一个衡量通货膨胀的先导指标，叫做生产物

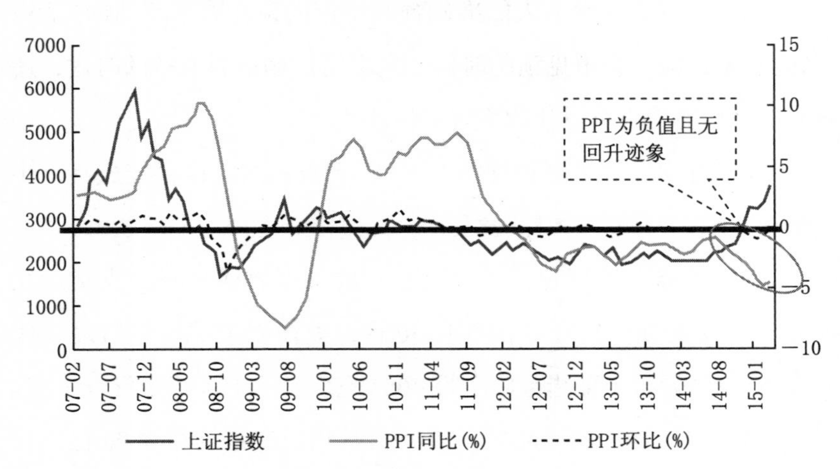

资料来源：CEIC，海通证券研究所

价指数 PPI。”说完成交量，MsC 继续介绍见顶指标：“根据某券商首席经济学家观察，A 股的几轮牛市中都会发现这样的规律：在交易所成立至今的 25 年中，还没有发生过 PPI 为负值且没有回升迹象下，牛市见顶的案例。而现在，中国的 PPI 已经连续三年为负，说明通缩的压力依然较大。在这种背景下，政府的财政政策和货币政策都会相对积极和宽松，对牛市就会形成良好的支撑。”

“除了这些，”MsC 继续介绍：“还有就是一些非量化的指标了。比如，你可以观察新发基金规模。如果新基金发行动不动都能募集到上百亿的规模，那你就要小心啦！另外，如果新手都开始向老股民推荐股票、或者所有的媒体都一致唱多、或者监管机构一再‘预警’等等，当这些情况出现的时候，可能就是牛市快要见顶的先兆啦！”

“嗯，我把这些都记下来，一条一条对照着看，一定要在牛市见顶时离场！”小波信心满满地说。

MsC 摇了摇头，劝他：“其实，对于我们普通投资者而言，成功逃顶基本上就是 Mission Impossible，你就别为难自己了！我们真正应该做的是，不要坐在股市的过山车上一直跌落到熊市的谷底，只要能够在大概的顶部区域果断离场，不求赚足，但求赚到一段牛市的收益就可以啦。

“你说的也对，那我该怎样在顶部区域离场呢？”小波继续问道。

MsC 说：“离场也是有方法的，比如你可以逢高减磅，大盘每次创新高你就退出来一部分，落袋为安，或者你也可以选择浮盈回吐，就是说如果大盘点位创新高后，如果发生跌幅超过 20% 的情况，你就全部卖出。无论哪一种方法，都会挑战你的心理素质哦！”

就在两人边吃边聊的时候，一对男女走进餐厅，朝着小波的方向迎面走来。

小波惊奇地发现："咦？那不是娜娜吗？娜娜，这就是你后来找的那位？也不怎么样嘛！"

小波的前女友有些手足无措地回答小波："小波，我不再怪你当年没猜到顶了，因为，我也没猜到顶……"说完娜娜一把拉下男友的假发。

"光头！"小波和MsC吃惊地叫了出来。

看来顶部还真的很难猜啊！

第十六章

不炒股如何玩“赚”股票账户

最近，MsC 迷上了打台球。每次小君约她吃饭，都被她拒绝了，说是“与其一起搓饭，不如一起流汗”。所以这一次，小君索性就约 MsC 在台球房见面，MsC 果然拍手赞成。

看着 MsC 娴熟地把球一个一个打进洞里，曼妙的身姿伏在台上，吸引了无数道欣赏的目光，小君真是羡慕嫉妒恨啊……

打了好一会儿，MsC 放下球杆，拿起一瓶运动饮料，可是拧了半天也没把瓶盖拧开，吃力地皱着眉头。小君一把抢过瓶子，一脸轻松地拧开瓶盖递给 MsC，不屑地说：“哼，你说美女除了做花瓶还有什么用？我就不一样了，我可以是开瓶器，也可以是扫地工，还可以是搬运工，小波就说我用处广泛，‘实乃居家旅游必备之良品！’”

MsC 优雅地仰脖喝了一口饮料，淡定地说：“谁说美女只有花瓶一种用途？你说的那些用途，我都可以有啊！”

“切，谁信啊！”小君嗤之以鼻。

“不信来试试？”

“试就试！”小君边说边扫了一下四周，指着角落里的饮水机说，“正好，需要换水了，看我们谁能把水桶搬上去！”

小君撸起袖子，大步走过去抱住水桶，哼哧哼哧地使了半天劲儿也没把水桶搬起来。几个邻桌的男生停下来看了看，又若无其事地回过头去继续打球。

MsC 慢悠悠地走过去，嘴里大声说着："让开让开，还是我来搬吧！"

"你？行吗？"小君轻蔑地瞟了瞟 MsC 纤瘦的胳膊。

MsC 蹲下身去，手才刚搭到水桶上，那几个男生就丢下了球杆跑了过来，争先恐后地说："美女，还是让我来！"

"这……也可以？！"小君瞠目结舌。

MsC 站起身来，得意地拨了拨头发，说："看到了吗？美女可是有很多用途的，因为啊，一个美女的背后，都有很多有用的男人……"

"好啦好啦，我知道美女用途多啦！"小君气哼哼地走回球桌，拿起球杆把球打散，想了想说："对了 MsC，能不能帮我想想我的股票账户还能有啥用途？现在股票好难做，今天涨明天跌的，我都不敢炒股了，那你说我的股票账户还有啥用处？"

MsC 也拿起球杆，把一个彩球打进洞后才抬头笑眯眯地说："股票账户除了炒股还能干什么？和我一样，也还可以有很多用途啊。"

"第一，国债逆回购。千万不要被它高大上的名字吓到，你可以简单的理解为别人拿国债来抵押，你借钱给他，到期了他还本付息给你。国债逆回购的期限最短是 1 天，最长的期限是 182 天，我们通常操作的逆回购是 1 到 7 天的。比如你逆回购 1 天，就是说你把钱借出去 1 天，第 2 天资金就还回来，你就可以使用了。国债逆回购赚取的是利息，这个利息是稳赚的，不会像股票那样跌了让你亏损本金，当然利息多少取决于市场的资金面情况，资金面越紧张，市场越需要钱，逆回购的利率就越高。"

“那到底什么时候逆回购的利息高嘛?”小君不满地追问。

“你记住几个重要的时间点好了:第一,月末、季度末前的周四;第二,每天股市交易的下午 1 点 50 分到 2 点。在这些时间点里,国债逆回购的利率往往会飙升,适合操作赚钱。”

“这个好这个好!最近我都在打新股,在没有新股的‘空窗期’,我就可以做一笔国债逆回购,资金就不会闲置在股票账户里了!”小君高兴地拍了拍手。

MsC 戳了下小君的额头:“你可要记住了,国债逆回购的门槛深市和沪市不同,深市是 1000 元起,沪市 10 万元起,而且啊,申报数量必须是最低金额的整数倍。”

“懂了!就是说我在沪市做国债逆回购不能买 15 万,只能买 10 万、20 万、或者 30 万。对吧?”

“对啦!”MsC 点点头。

“对什么对啊!”小君像泄了气的皮球,“我股票账户里才没有那么多钱呢!”

“那你就可以尝试我说的股票账户的第二种用途了。就是买场内货币基金。这类基金的买卖,跟股票没什么两样,买卖时输入代码、份数和价格,轻松下单。不过呢,风险可是和股票完全两样,因为他们实际上就是纯货币基金,安全性高、收益又远高于活期存款,买入当天就开始享受收益,卖出后资金马上就可以买股票,而且啊,申购门槛很低,大多都在 1000 元。”

“这个好这个好!”小君的热情又被点燃了,“买了这个啊,小波再也不用担心我股票账户里的钱会亏掉了!”

小君兴奋了一阵子,想了想又说:“MsC 啊,你说的国债逆回购也好、场内货币基金也好,安全倒是安全,但是收益率也低啊,也就比活期存款好那么一点，股票账户还有没有其他更高一点收益的用途呢？”

“这个嘛……”MsC走到球台再打了一个球，才慢吞吞地说，“当然有。就是——买债券。”

“债券？不是只有大妈们才会在银行排队买的东西吗？”小君直摇头。

“你错啦！大妈们买的那是凭证式国债，安全等级最高的债券。你用股票账户可以买企业债，就是企业发行的债券。大多数企业债的利息在7%—10%左右，比国债高。当然，你可不能只看利息，因为利息越高，说明企业的风险越高，才会愿意付更高的利息来吸引投资者。”

“看来啊，即便我不炒股，我的股票账户也还是有很多用途的嘛！”小君沾沾自喜地说，“我的股票账户有用途，说明我也是很有用途滴……”

这时，邻桌几个男生跑了过来，冲着小君大声喊：“快，搭把手，你比较有力气，门口有车货要卸！”

小君的用途，就是这个？！

第十七章

女人该如何分辨真假承诺

周末，小君生拉活拽地把小波拖出了家门，手拉手去逛街。自从生了宝宝之后，这样的“约会”真是越来越少了呢，小君越想越开心，整个人都快挂在小波身上了。

走着走着，迎面走来一位身材十分火辣的美女，和小君小波俩人擦肩而过，长发甚至拂过了小波的肩膀。小波忍不住回过头去盯着美女的背影看了半天。

“小波！”小君拎着小波的耳朵硬生生把他的头扯了回来，“哼！你以前不是说过，如果和我在一起，对其他女人再也不会看一眼！”

“我……我是没看一眼，我看了好几眼……”小波心虚地回答。

“你！”小君肺都要气炸了，她叉着腰命令小波，“你现在就抱我一下！”

“你生完孩子以后都一百五十斤了还抱？想压死我吗？我想抱也找不到腰在哪儿啊……”小波小声地抗议。

“你抱还是不抱？！”小君的语调冷得冻得死人。

好汉不吃眼前亏，小波立刻凑过来非常敷衍地抱了下小君。

“哼！你以前不是说过，即便我变成肥婆，你也会一直抱我！”小君更不满了。

小波嬉皮笑脸地回答："小君你别生气啊，我只是不想被压死而已嘛……"

"你……"小君彻底无语了。

一连好多天，小君都对小波的"言而无信"耿耿于怀，终于等到有机会见到 MsC 时，狠狠地把小波数落了一顿，最后气哼哼地对 MsC 说："我觉得男人的承诺实在太不可信了！"

MsC 瞟了小君一眼，轻描淡写地说："你不知道吗？男人的承诺，就跟小君你说要减肥一样，总是说，却从来没有实现过。"

"好歹我说要减肥的时候是有诚意的，哪像小波他们啊，承诺都是随便说说的，我以后再也不要相信了！"

MsC 抿嘴一笑："很多承诺都是不可信的嘛，你现在才明白啊？那还有一件承诺你怎么就随随便便相信了呢？"

"是什么？"

"就是信托产品的收益率承诺啊。"

"哦……你说的是我和小波买的信托产品啊。自从我们买了那个信托产品你就叨咕个没完。可是我们买的时候银行的人都说是很安全的，一年 10% 的收益率笃笃定定肯定没问题，而且不是说信托都是那什么……钢结构兑付的吗？既然是钢结构的，应该很牢靠的嘛！"

"什么钢结构，我看你的大脑才是混凝土结构做的吧？那是'刚性兑付'！"MsC 气结。

"好好好，那你说什么叫'刚性兑付'嘛？"

"所谓'刚性兑付'，就是信托产品到期后，信托公司必须分配给投资者本金以及收益，当信托计划出现不能如期兑付或兑付困难时，信托公司需要动用自己的资本金为投资者兜底的行为。"

“既然是刚性兑付，那就不用担心啦！”小君一脸轻松。

MsC摇头：“小君，你这不是又在轻信别人的承诺了？事实上啊，我国并没有哪项法律条文规定信托公司必须进行刚性兑付，这只是信托业发展过程中形成的一个隐形的行规而已。”

“隐形的行规？”小君的脑洞大开，“那不就是‘潜规则’吗……”

“你要那么理解也不是不可以哦。”MsC也笑了，“其实啊，我们说世界上没有免费的午餐，高收益就必然伴随着高风险，信托产品的预期收益率，来自于投资项目的收益，当经济形势变差，投资难免出现风险，进而就会影响到信托产品的兑付。只是在过去几年里面，因为信托产品很受欢迎，信托公司可以通过发行新一期信托计划募集资金，来偿还前一期的到期信托，也就是‘发新偿旧’，信托产品本身的风险只是被推后了，而并没有消失。”

“这有点像一个‘击鼓传花’的游戏嘛！就看音乐停止的时候谁接到……最后一棒！”小君伸手在MsC头上轻轻地敲了一“棒”。

“我才要给你一棒呢！”MsC反手拍了小君一下，“这个击鼓传花的游戏到了现在快要玩不下去了呢。由于投资人对购买新的信托产品越来越谨慎，导致信托公司没办法再‘发新偿旧’，而信托公司自身的资本金又不够兜底，那投资人就只能自己承担信托产品的违约风险了！”

小君这下有点紧张了，拉着MsC问：“那你说到底哪一类信托产品最容易违约？”

MsC伸出了三个手指头：“三种信托产品，你一定要当心！”

“第一，看公司。实力弱、管理规模小、风格激进的信托公司发行的产品，或者融资方实力弱、抵押物质地差的都要当心；第二，看投向。陌生的、或者易发风险的领域要当心，比如三、四线城市非政府保障房地产项目、过剩产能行业（煤炭、钢铁行业）最好不要碰：最后，看收益率。承诺收益率过高的要当心。”

小君舒了一口气：“还好还好，我买的信托不属于这三种情况！”

MsC 白了小君一眼：“你呀，不单单是信托的收益率承诺不能随便相信，所有承诺收益率的投资品种都不要随便相信好吗？”

小君傻眼了：“那我相信啥？”

“其实原则是一样的，同样是要看发行这些产品的公司、看产品的投资方向以及收益率。比如说，有些小的第三方理财公司发行的号称收益率能达到 20% 的产品，你肯定就要多留一个心眼了呀！”

“哎呀，这也不能信，那也不能信，那我该相信谁嘛！”小君不耐烦了。

“相信我啊！”MsC 似笑非笑地。

“你？”小君不相信地上下打量了下 MsC，“你能承诺，只要我一句话，你就能出现在我面前，风雨无阻吗？”

“能啊！”MsC 非常淡定，“哪怕我再忙再没空，只要你说一句‘我请你吃饭’，我都会风雨无阻的出现在你的面前……”

“切……”

第十八章

如何提升熊孩子的财商

“啊啊啊，MsC，我快被逼疯了！”

小波就像热锅上的蚂蚁，在房间里焦躁地走来走去。MsC 看着他，有点吃惊。这几年，小波的事业发展得顺风顺水，已经很少看到他这么不淡定的表现了。

“怎么了呀，小波？”

“还不是西西，他把老师逼疯了！”

原来是小君和小波的宝贝儿子西西呀，也只有这个爱闯祸的小家伙能让小波这么抓狂了。

“你说清楚一点，到底是你疯了还是老师疯了？”MsC 问。

“先是老师疯了……你看，这是西西写的学雷锋的作文！”小波把一本作业本递给 MsC。

“今天，我在公园里看到一个老大娘口袋里掉出了 4 张 500 块钱，我马上捡起来还给老大娘，老大娘问我叫什么名字？我转身对老大娘说，我叫红领巾……”

念到这里，MsC 哈哈大笑：“4 张 500 块钱？！下次让西西带回来给我开开眼界！”

“老师气坏了，让我和西西聊聊。我就问他了：‘你到底有没有一点钱的概念啊？知道钱从哪里来的吗？’”

“那他怎么回答？”

“他说：‘知道！钱嘛，我都是从你钱包里偷出来的啊。’”小波学着西西满不在乎的调调。

“啊？他还偷你钱啊？”

“对啊，我就跟他说我的钱原来都被他花光了，你猜他怎么回答？他说：‘你不常说你是白手起家的吗？我不花光你的钱你怎么白手起家？’”

“哈哈哈……”MsC笑得眼泪都快出来了。

“喂，我都快疯了你还笑？”小波忍无可忍，“赶紧说说看我该怎么办吧？”

“现在的孩子啊，普遍缺乏‘财商’。”MsC止住笑，很认真地说，“所谓财商，是一个人与金钱财富打交道的能力，它和智商、情商并列为现代社会三大不可或缺的能力。我们常说‘富不过三代’，那就是有财商的老子辛辛苦苦积攒下来的钱，最后败在了没有财商的子孙手里。小波你可要当心哦！”

“嗯，看来我得加强对西西的财商教育！免得他长大以后成为‘啃老族’。”

“啃老挺好的啊！”MsC笑得不怀好意，“如果那个时候西西能啃老，说明小波你老当益壮啊！”

“你就别打趣我了！赶紧说，财商要怎么提高？”小波心急如焚。

“在这方面，我们可要向国外学习，让财商教育贯穿孩子成长的全过程，在孩子的不同成长阶段了解不同的理财内容。比如在英国，中小学的不同阶段就明确了不同的财商教育要求：5岁至7岁的儿童要懂得钱的来源，并会用钱买简单的物品；7岁至11岁的儿童要学习管理自己的钱，懂得储蓄；11 岁至 14 岁的学生要懂得制定简单的开销计划，购物时要知道比较价格；14 岁至 16 岁的学生要学习使用一些金融工具和服务，包括如何打工和自主赚钱。在英国，有三分之一的英国儿童将他们的零用钱和打工收入存入银行。”

“简单！”小波一拍手，“现在国内很多银行也推出了针对青少年的‘儿童账户’，我明天就带西西去开个账户！我还可以顺便给他上一课，给他讲讲不同年限的存款利率为什么会不同，如何使用 ATM 机，等等，等等。这样他财商就提高啦？”

“当然没那么简单！除了培养孩子的储蓄观念以外，零花钱其实也是培养孩子财商的一种工具。你和小君是怎么给西西零花钱的啊？”

小波挠了挠头，不好意思地说：“一开始我每个月给西西 10 块钱零花钱，他想怎么用就怎么用，可是后来发现他总是一拿到钱就花光了，而且全都是拿去买零食什么的，所以我现在跟他说，给钱可以，但在他用钱之前，需要征得我和他妈妈的同意。”

MsC 又摇了摇头：“零花钱如果由父母控制，并没有达到教会孩子如何用钱的目的，不利于孩子在实践中学习理财技能。所以啊，下次西西问你零花钱是不是想怎么用就怎么用的时候，你应该这么回答——”

MsC 拿出一张纸递给了小波。小波边看边念：“宝贝，这是你的钱。不过呢，关于零花钱的使用呢，我希望我们可以有几个约定。第一，双方同意每月至少 20% 的零花钱用于储蓄。第二，双方同意每项支出都必须清楚、确切地记录。第三，双方同意在未经爸爸妈妈的同意下，不可以购买 100 元以上的商品，并向爸爸妈妈要钱……”

“这个好这个好，我回去就照着念给西西听！”小波把那张纸折起来，小心地夹进自己的钱包里。

MsC一眼瞟到小波钱包里厚厚的一叠人民币，忍不住又说：“其实啊，最后还有一条最重要的财商教育原则。曾经有一个教育专家说过，我们只有三个方法教导儿童：第一个是以身作则，第二个也是以身作则，第三个还是以身作则！年幼的孩子总是通过观察大人的行为来看待金钱事务，所以，你今天让孩子看见管理金钱的好榜样，明天孩子才可能成为金钱的好管家。小波，你和小君这几年越来越有钱，花钱也越来越大手大脚了，这可不是西西的好榜样哦！”

小波的脸“噌”地一下就红了。确实，这些年来随着生活越来越富裕，小波和小君花钱上越来越随意，西西居然也学会了攀比，前几天还吵着要买和同学一样的游戏机，小波还没有意识到是自己的问题。

“还有啊，培养孩子的储蓄观念，还要在日常生活中培养孩子延迟消费和良好的储蓄习惯，你可以这样子……”MsC贴着小波的耳朵说了一通，小波连连点头。

回到家里，小波刚进门，西西就蹦蹦跳跳地跑了过来，嘴里叫着：“爸爸，给我钱，我要买冰淇淋！”

小波刚想从钱包里掏钱给西西，突然想起MsC的话，又把钱包放了回去，说：“你想吃啊？可以啊。一只冰淇淋2块钱，我今天只能给你1块钱，等到明天再给你1块钱，明天你钱攒够了才能买来吃。”

西西大张着嘴巴，惊讶地说：“老爸，你真是坑爹……不对，坑儿子啊……”

第十九章

孩子的压岁钱该怎么花

春节长假里，小君领着西西来给 MsC 拜年。一见到西西，MsC 就觉得自己开始头疼了，这小家伙可是人精啊……

“阿……”西西张嘴打招呼。

MsC 摆手打断他：“别叫阿姨！也别叫大姐！”

西西闭上嘴巴。两秒钟的停顿后他张嘴叫了声：“阿吉妈新年好！”

MsC 揉了揉额角，决定换个话题。

“西西啊，你今年收到多少压岁钱啊？”

“十……万……”

“这么多?!”MsC 张大嘴巴。

“……个为什么。”

“嗨，《十万个为什么》，一本书啊！”

西西点点头，神秘兮兮地问：“你知道我经历过的最刻骨铭心的谎言是什么吗？”

“是……同桌跟你说‘我喜欢你’？”

西西不屑地摇头：“只有我骗同桌的份，同桌怎么可能骗得了我。是我妈妈跟我说——”他转头看了小君一眼，学着小君的腔调说：“‘压岁钱我帮你收着，等你长大了给你’。”

“哼，我小时候你外婆也是这样对我说的啊！有错吗？”小君瞪了西西一眼。

西西委屈地说：“然后我忍受着被盘问期末成绩的痛苦得来的压岁钱就全没了，只剩了一本书……”

“压岁钱是我们大人们之间礼尚往来的‘人情债’，你收到压岁钱的时候，我也要付出去，所以压岁钱当然是我的！”小君理直气壮。

西西对妈妈的话很不服气：“那有的压岁钱是没有孩子的叔叔阿姨给我的，你又不需要还礼，那就应该是我的！”

小君说不过西西，只好向 MsC 求援：“MsC，你来说说看，压岁钱到底该是谁的啊……”

“压岁钱就应该属于孩子！”MsC 完全不理小君语调里满满的暗示，说得掷地有声，“因为，家长们每年的支出预算里是有压岁钱的部分，但是收入预算里却没有压岁钱，因为我们不太清楚会收到多少，有多少是可以抵掉。既然家长的收入预算里都没有这笔钱，那这压岁钱就应该是属于孩子的！”

“cc 姐姐，你不是阿吉玛，你是……女神！”西西一蹦三尺高，“哈哈，压岁钱现在是我的了，我想怎么花就怎么花！”

“不行，你会花光的！把钱给我我帮你存着！”小君的态度很强硬。

MsC 拍了拍小君的肩膀：“既然压岁钱属于孩子，那么压岁钱的处理方式就要和孩子充分商量，一起来参与，才能培养孩子对待金钱的责任感，压岁钱的收益率是次要的，关键是获得理财的基本知识和技能……”

“那你说该怎么办？”小君两手一摊。

MsC 弯下腰耐心地对西西说：“西西呀，压岁钱是很大一笔钱，如果你把它存到银行里，银行还会付给你利息，这叫‘钱生钱’，你的钱就会越变越多啦！让妈妈带你去银行，用你的名字开户办个存折，存折放在你这里，钱还是你的啊！”

“cc 姐姐你太老土了，现在谁还存银行啊！我告诉你，现在大家都流行在网上买‘余额宝’！”西西的表情像个小大人一样。

呃，这小子确定不是天山童姥吗……MsC 在心里腹诽着，嘴上却赶紧说：“对对对，对你这样对网络比较熟悉的小朋友，就可以在家长的指导下在网上或者手机上购买和基金相连接的互联网理财产品，比如余额宝或微信理财通，收益率随时可以查看，而且一目了然，即便是小朋友也很容易弄懂呢。”

“嗯……我还有其他选择吗？”西西显然不满意。

“西西你的金钱意识比较强，还可以考虑把压岁钱用于一些简单易懂、低风险低门槛的投资品种。比如少儿教育金保险，每年缴费，就可以在你 18 岁以后每年返还一定的教育金，每年固定的缴费时间让父母不能偷懒，而你必须到达一定年龄后才能领取保险金，也避免压岁钱的任意挥霍。父母是投保人，你是被保险人和受益人，清清楚楚印在保单上，大人小孩都放心。”

“哼，存银行也好、买基金买保险也好，我都不喜欢！”西西撅着的嘴上都可以挂一个油瓶了。

“为什么呀？”

“毛爷爷变成了一个小本本，我对着它……没感觉。”

这话怎么听着这么别扭呢……MsC 忍不住擦了擦额头上冒出的汗。

“那……看来你比较喜欢实物咯，那就把压岁钱拿来投资贵金属，比如中国人民银行发行的熊猫金币，就是投资实物黄金的最佳选择。把压岁钱买成熊猫金币，不仅可以实现长期投资，而且你也不会觉得压岁钱被父母‘没收’，省去了父母‘代管’的烦恼，没事儿啊你还可以拿出来欣赏一下熊猫。”

“这个我也不喜欢。”西西依然摇头。

“那你到底要啥?!”小君和 MsC 异口同声。

“嗯……我再想想吧。”西西的眼珠滴溜溜转着。

MsC 吁了口气，突然想到自己还没给西西压岁钱，连忙拿出准备好的红包说：“来来来，你慢慢想，我先给你压岁钱……”

西西接过红包，从里面抽出一张钞票，翻过来翻过去地看。

“西西，你对钱这么珍惜啊!”MsC 觉得很欣慰。

“哦，我是在检查是不是假钞。”西西回答得非常淡定。

“噗……”

MsC 觉得自己快要吐血了。

“算了吧，cc 姐姐，我不要压岁钱了。你给我个苹果吧!”

“就这么简单?!”

“对啊，我只要——苹果 6S。”

MsC 终于崩溃了……

第二十章

怎样花最少的钱当老板

难得有一天清闲，MsC 约了小君去咖啡馆坐坐。抛开家长里短，两个老朋友聊着女生自己的私密话题，很是惬意。

这时，一个剃着光头、身穿灰色衲衣、和尚打扮的中年男子拎着一个包大摇大摆地走了进来。当他路过小君身边时，小君朝他招了招手。

“哎……你是化缘的和尚吗？来来来，给你一块钱。”小君掏出一个硬币递过去。和尚完全没有接的意思，嫌弃地摇了摇头。

“呃，难道你不是化缘的吗？”小君很奇怪。

“我虽然是化缘的，但我现在才不用这么低级的方式化缘呢！”和尚很傲娇地回答。

“那你怎么化缘？”小君更奇怪了。

“看我的！”和尚索性大大咧咧地坐到了小君身边的空位上，从包里掏出一个平板电脑，摊到桌上打开，“我只要在网上吆喝一声，说我在筹集修庙的钱，谁给我捐钱，我就帮他在菩萨面前许一个愿，捐 1000 元以上的我还可以给他看我的写！真！集！”

“写……真?！你确定有人要看吗？”小君扫了扫和尚长得很路人的脸。

“哼，反正很快就会有成千上万的人给我捐钱，怎么样？这叫众筹！”

“哎呀呀，现在化缘的都高大上了，改叫众筹啦？”小君一脸的不屑。

“那是！”和尚自信地挺起胸膛，“现在可是互联网时代，算命的都改叫分析师了，放高利贷都改叫资本运作了，借钱给朋友改叫天使投资了，统计改叫大数据分析了，忽悠改叫互联网思维了，为啥我化缘不可以改叫众筹啊？”

“哼，骗子！”小君果断下结论。

“你！”和尚愤怒地瞪着小君。

“唉，小君，也不能说他是骗子。”MsC挥了挥手，“众筹可是现在全世界都很火的一个金融热词啦。所谓众筹啊，顾名思义，就是依靠大众的力量，在网上募集项目资金的模式。我们普通老百姓，常常是有好的创意但是没有资金，有了众筹平台，你就可以把你的创意放到众筹平台上，对这个创意感兴趣的人呢就可以集中起来投钱给你，等你梦想成真了呢，你可以拿产品、利息或者公司股份回报给投资人。目前全球有600多个众筹平台，为各种项目募集到了一共50亿美元。2011年，国内第一家众筹平台——‘点名时间’成立，从此以后发展非常迅速，今年以来，各大互联网巨头也开始纷纷介入众筹这个新兴的行业呢。”

“哦，对啊……”听MsC这么一说小君想起来了，“京东好像也搞了个什么‘凑份子’的活动，就有点像你说的众筹，我支持了里面的‘儿童手表’项目，等这款手表真的出来了我就可以得到一块表哦！不过啊MsC，我怎么觉得这就是团购而已嘛，为啥叫众筹？”

“这个嘛……”和尚迫不及待地插话，“让我来跟你讲讲众筹和团购的区别。”

“京东的众筹属于实物众筹，就是你出钱我给你产品或者服务。表面看和团购很像，但实际上，众筹正好是团购的反向操作，众筹是先筹集钱再去做产品，团购是产品出来，大家集体去买折扣。”和尚说着，拿起桌上的一个苹果，“就像这个苹果，苹果已经结好了，我拿出来卖，买的多的人有折扣，那叫团购；而苹果都还没种呢，我先开始吆喝，预定的人多了我再开始种，种好了分给预定的人，这才叫众筹。”

“哦，懂了，这种实物众筹其实就是一种比较特殊的预售，产品还只有个想法的时候呢我就提前买了！”小君连连点头。

这时，和尚的包里响起了手机铃声。

“哇，好现代啊，还有手机！”小君嘟囔着。

和尚不慌不忙地从包里掏出手机，接通之后旁若无人地大声和对方通话：“喂喂，哦你好你好。对啊我可忙了，我在丽江投资了块高尔夫球场，对对对我还在浙江投资了个酒店，最近我还在想啊，中国13亿人怎么就搞不出一支11个人的足球队。所以我还打算众筹一支中国足球队，分分钟拿下世界杯！”

“这么霸气啊……”小君张大了嘴巴。

“嗨，他就是参加了股权众筹的项目而已吧。参与这类众筹，你出钱我给你股份，人人都可以当老板，只不过……”MsC伸出了一个小手指，“是小到不能再小的小老板！”

“那也不错啊，我也要！”小君一副很羡慕的样子。

和尚正好接完电话，接过话茬说：“股权众筹可不是那么简单的哦！千万不要忘记，因为你是在企业发展的早期就介入，投资是高风险的，所以分散投资是很重要滴！换句话说，与其拿100万下重注，不如拿 100 万投个 50 家，更容易成为赢家。”

“啊？ 有风险啊？”小君有点泄气。

“对啊，实物类的众筹也好，股权类的众筹也好，都是在种子期去介入，去孵化，最终等待梦想成真回报兑现。你得一开始就有思想准备这颗种子可能长不大，也可能还没长就夭折，更有可能是长大了结的果根本不是你想要的苹果啊。”MsC 掂了掂手里的小苹果。

突然，和尚抢过那个苹果，“噌”地一下站了起来，夸张地举着小苹果抒情：“没关系！我会用爱着小苹果的情怀去等它发芽，长大……”

说着说着，和尚居然开始跳起舞来，边跳边唱起了时下最流行的“神曲”——“你是我的小呀小苹果，怎么爱你也不嫌多……”

魔音入耳，很快，整个咖啡馆里的人都站起来摇头摆臂，“你是我的小呀小苹果……”

歌声里，MsC 不由得感慨万千，理财又何尝不是如此呢？“种下一颗种子，终于长出了果实，春天又来到了花开满山坡，种下希望就会收获……”

汇丰晋信基金管理有限公司简介

汇丰晋信让投资更简单

汇丰晋信是由汇丰环球投资管理与山西信托股份有限公司合资，于2005年开始投身国内资本市场的基金管理公司。公司目前旗下已拥有十几只不同类型基金产品，形成了较为完善的产品线，能够为投资人在不同市场风格下提供适合的投资标的。借鉴汇丰环球投资管理成熟的海外市场投资经验，结合A股市场本身特点，将全球化视野和贴近本地市场的研究紧密结合，汇丰晋信已形成自己颇受市场认可的投资风格——回归投资本质、着眼未来趋势、注重长期回报，打造可解释、可重复、可预测的业绩，致力于成为主题领域的投资专家。

秉承“让投资更简单”的理念，汇丰晋信多来年投身于投资者教育，并在形式与内容上不断推陈出新，《汇丰晋信十大投资金律》、《红楼理财》、《她汇理财》等理财书籍或视频节目获广泛好评。

汇丰晋信过去三年荣誉盘点

2015年4月，大盘股票基金与动态策略混合型基金分别荣获《证券时报》“五年持续回报股票型基金明星奖”与“2014年度积极混合型明星基金奖”

2015年3月，动态策略基金荣获《中国证券报》“2014年度开放式混合型金牛基金”奖

2014年12月，公司荣获《东方财富网风云榜》“2014年度最具潜力基金公司”奖

2013年12月，“汇丰强定投”荣获《东方财富网风云榜》“2013年度最佳基金定投品牌”奖

2013年12月，低碳先锋基金荣获《东方财富网风云榜》“2013年度最受投资者欢迎的权益类基金”

2013年1月，荣获金融界举办的“2012领航中国金融行业年度评选”的“基金行业最佳投资者教育奖”

风险提示

本书作为本公司旗下基金的客户服务事项之一，不属于基金的法定公开披露信息或基金宣传推介材料。

本书所提供之任何信息仅供阅读者参考，既不构成未来本公司管理之基金进行投资决策之必然依据，亦不构成对阅读者或投资者的任何实质性投资建议或承诺。本公司并不保证本书所载文字及数据的准确性及完整性，也不对因此导致的任何第三方投资后果承担法律责任。

基金投资有风险，敬请投资者在投资基金前认真阅读《基金合同》、《招募说明书》等基金法律文件，了解基金的风险收益特征，并根据自身的风险承受能力选择适合自己的基金产品。基金的过往业绩及其净值高低并不预示其未来表现，基金管理人管理的其他基金的业绩并不构成新基金业绩表现的保证。

本公司提醒投资人基金投资的“买者自负”原则，在做出投资决策后，基金运营状况与基金净值变化引致的投资风险，由投资人自行负担。敬请投资人在购买基金前认真考虑、谨慎决策。

图书在版编目(CIP)数据

她汇理财/汇丰晋信基金管理有限公司著. —上海:上海人民出版社,2015
ISBN 978-7-208-13152-1

Ⅰ.①她… Ⅱ.①汇… Ⅲ.①财务管理-通俗读物
Ⅳ.①TS976.15-49

中国版本图书馆 CIP 数据核字(2015)第 155199 号

出品人 邵 敏
责任编辑 邵 敏
封面装帧 诸慧菁
插页设计 诸慧菁

出品

她汇理财
汇丰晋信基金管理有限公司 著

出 版 世纪出版集团 上海人民出版社
(200001 上海福建中路 193 号 www.shsjwr.com)
出 品 世纪出版股份有限公司上海世纪文睿文化传播分公司
发 行 世纪出版股份有限公司发行中心
印 刷 上海商务联西印刷有限公司
开 本 635×965 1/16
印 张 14.5
字 数 205 000
版 次 2015 年 8 月第 1 版
印 次 2015 年 8 月第 1 次印刷
ISBN 978-7-208-13152-1/F·2311
定 价 36.00 元